现代电力系统测试技术丛

配电自动化系统
测试技术

刘健　刘东　张小庆　陈宜凯　著

中国水利水电出版社
www.waterpub.com.cn

内 容 提 要

配电自动化系统测试技术对于保障配电自动化系统建设质量和实用化水平具有重要意义。本书结合作者长期从事配电自动化系统测试的实际经验，系统地阐述了配电自动化系统测试的方法和技术，给出了大量测试案例，并对经测试发现的配电自动化系统典型缺陷进行了分析。

本书共分7章，主要内容包括：绪论、配电自动化系统主站测试技术、配电自动化系统终端测试技术、配电自动化系统故障处理性能测试技术、主站注入法测试配电自动化系统主站故障处理性能用例、配电自动化系统故障处理性能的现场短路试验测试技术、配电自动化系统常见缺陷分析等。

本书适合从事配电自动化系统研究开发、产品制造、试验测试、运行维护等的技术人员和管理干部阅读，也可供大专院校电力系统自动化和供用电技术专业的教师、研究生和高年级学生参考。

图书在版编目（CIP）数据

配电自动化系统测试技术 / 刘健等著. -- 北京 ：
中国水利水电出版社，2015.6(2024.4重印)
 （现代电力系统测试技术丛书）
 ISBN 978-7-5170-3273-1

Ⅰ．①配… Ⅱ．①刘… Ⅲ．①配电系统－自动化系统
－系统测试 Ⅳ．①TM727

中国版本图书馆CIP数据核字(2015)第121353号

书　　名	现代电力系统测试技术丛书 **配电自动化系统测试技术**
作　　者	刘　健　刘　东　张小庆　陈宜凯　著
出版发行	中国水利水电出版社 （北京市海淀区玉渊潭南路 1 号 D 座　100038） 网址：www.waterpub.com.cn E-mail：sales@mwr.gov.cn 电话：(010) 68545888（营销中心）
经　　售	北京科水图书销售有限公司 电话：(010) 68545874、63202643 全国各地新华书店和相关出版物销售网点
排　　版	北京时代澄宇科技有限公司
印　　刷	天津嘉恒印务有限公司
规　　格	184mm×260mm　16 开本　9.5 印张　225 千字
版　　次	2015 年 6 月第 1 版　2024 年 4 月第 2 次印刷
印　　数	3001—4000 册
定　　价	**48.00 元**

前　言

　　故障处理是配电自动化系统的重要功能，在曾经的配电自动化试点热潮中，由于缺乏有效的测试手段，故障处理功能在验收时未作严格测试，仅依靠长期运行等待故障发生才能检验故障处理过程，导致问题不能在早期充分暴露并得到解决，严重影响了实际运行水平，动摇了运行人员对配电自动化系统的信心，导致许多配电自动化系统逐渐废弃不用甚至闲置成为摆设，造成了巨大的浪费。

　　在新的配电自动化系统建设中，配电自动化系统测试技术得到了充分重视，涌现出了一些新的测试技术和工具，有力地保障了配电自动化系统工程的建设质量，已经通过测试的配电自动化系统在提高配电网供电可靠性方面已经发挥了不可替代的作用。

　　全书共分为7章。其中第1章~第3章由上海交通大学刘东教授著写；第4章和第7章由陕西电力科学研究院刘健教授著写；第5章由陕西电力科学研究院刘健教授和陈宜凯高级工程师共同著写；第6章由陕西电力科学研究院张小庆高级工程师著写。

　　在本书著作过程中国家电网公司李龙处长、林涛高级工程师、刘日亮高级工程师，中国电力科学研究院赵江河教授、国家电网电力科学研究院沈兵兵教授、西安交通大学张保会教授、宋国兵教授，许继集团赵奕高级工程师等同行学者与作者团队进行了大量交流、讨论，并给予作者团队无私指导，在此对他们表示衷心感谢。

　　由于配电自动化系统测试技术是一个不断进步的领域，新方法、新手段、新工具不断地涌现，本书难以将所有新进展全部纳入，不足和疏误之处在所难免敬请广大读者批评指正。

刘　健

2014 年冬于西安

目　　录

第1章 绪 论

配电自动化是一个系统工程,其主站、终端以及通信各个环节有机联系构成整体,任何一个局部存在的质量问题或者技术缺陷都可能引起整个系统不能正常运行,我国在 20 世纪 90 年代后期开展了配电自动化试点工程,其中许多早期建设的配电自动化系统没能发挥应有的作用,主要原因在于,当时配电自动化技术和产品不够成熟、管理措施跟不上;同时,缺少有效的测试方法和相应的工具也是影响配电自动化系统建设质量和实用化的重要原因。

继电保护和调度自动化系统能够可靠运行,实用化程度高,不仅在于相关技术与产品不断成熟,而且与运行单位和开发厂商长期以来积累下一套行之有效的技术保障与试验手段,并形成了齐全的规章制度与严格的考核制度密切相关。

配电自动化技术源自于继电保护和调度自动化技术,并具有更高的技术集成性,同时运行条件更为恶劣,如馈线自动化技术需要综合应用故障检测、通信以及远动等多种技术才能实现相应功能。因此,为了保证系统的可靠运行,配电自动化需要对系统测试采取更为严格的要求,2004 年中国电力出版社出版了《配电自动化系统试验》[1] 系统地介绍了配电自动化的系统测试与试验技术,并提出了配电自动化产品的全生命周期测试理念。但是,多年以来,运行单位对于配电自动化的测试技术与管理的重视程度不够。可喜的是,2009 年启动的新一轮配电自动化试点工程对于验收测试高度重视,涌现出了一些新的测试技术和工具[32,34],有力地保障了配电自动化系统的工程建设质量。

由于配电自动化系统具有涉及面广和集成度高等特点,为了保证配电自动化产品在其形成的各个阶段的产品质量,需要在各个阶段进行多种测试,即配电自动化系统测试。配电自动化系统的产品生命期可以大致分为产品研制、市场认可及供货与接入系统 3 个阶段,在每个阶段都有各自不同的测试与运行过程。在供货与接入系统阶段,配电终端产品在生产过程中要进行例行试验,整个系统要进行出厂试验(Factory Acceptance Test,FAT),现场投运前要进行现场试验(Site Acceptence Test,SAT)。配电自动化系统测试能为广大电力用户提高应用系统的产品质量;为生产制造厂家缩短应用系统的开发周期,节约应用系统的开发成本,减少现场的服务时间;可以推动配电自动化系统的实用化,促进技术进步,提高应用水平。

故障处理是配电自动化系统的重要功能,也是提高配电网供电可靠性的主要手段。但是在 20 世纪末到 21 世纪初的配电自动化试点热潮中,由于缺乏测试手段,故障处理功能在验收时未作严格测试,仅依靠长期运行等待故障发生才能检验故障处理过程,导致问题不能在早期充分暴露并得到解决,严重影响了实际运行水平,动摇了运行人员对配电自动化系统的信心,导致许多配电自动化系统逐渐废弃不用甚至闲置成为摆设,造成了巨大的浪费。

在新的配电自动化系统建设中，国家电网公司非常重视配电自动化系统测试技术研究，开发出配电自动化系统测试成套设备，推出了设置各种故障现象的运行场景，并经过快速仿真计算后模拟配电终端与主站交互数据，从而对主站的故障处理性能进行测试的配电自动化系统主站注入测试法，并研制出由配电网运行场景仿真器、仿真实时数据库、规约解释器和图形化人机界面组成的配电自动化系统主站注入测试平台；推出了在模拟故障区段上游的各个配电自动化终端二次同步注入模拟故障的短路电流波形，对配电自动化系统主站、子站、终端、通信、开关、继电保护等各个环节在故障处理过程中的相互配合进行测试的方法，并研制出二次同步配电网故障发生器和测试指挥控制平台；推出了主站注入与二次注入同步协调测试法，能够有效减少测试中所需的设备和人员数量；还推出了能够直接在 10kV 馈线上模拟故障的可控 10kV 短路试验法，并研制出成套测试设备。

上述新技术和新设备能够较好地解决配电自动化系统故障处理测试问题，在测试中能够模拟各种故障现象和场景，因此在测试时能检验配电自动化系统的故障处理性能，而不必依靠长期运行等待故障发生才能检验，对于配电自动化系统项目验收和确保其实用可靠运行具有重要意义，对于配电自动化系统缺陷排查和运行维护也提供了辅助工具，有助于促进我国配电自动化领域健康发展，也使配电自动化系统提高供电可靠性的作用切实发挥出来。

国家电网公司应用这些配电自动化系统测试技术，对公司建设的所有配电自动化系统工程验收进行基本功能测试，截至 2014 年年底，已经完成了北京城区、天津城南、上海浦东、重庆（渝中区、江北区、南岸区）、厦门、福州、杭州、宁波、温州、绍兴、丽水、嘉兴、南京、无锡、苏州、南通、扬州、太原、西安、郑州、鹤壁、长沙、湘潭、武汉、西宁、兰州、石家庄、唐山、大连、沈阳、合肥、成都、南昌、哈尔滨、长春、吉林、青岛、济南、枣庄、潍坊、济宁、威海、烟台、东营、淄博、莱芜、临沂、泰安、滨州、日照、菏泽、聊城、德州、乌鲁木齐、银川、石嘴山、南通、中卫等城市配电自动化试点项目的工程验收测试。

本书结合作者长期从事配电自动化系统测试的实际经验，系统地阐述了配电自动化系统测试的方法和技术，给出了大量测试案例，并对经测试发现的配电自动化系统典型缺陷进行了分析。本书各章节的组织结构如图 1-1 所示。

第 1 章绪论阐述了本书的研究背景及意义，并给出全书的总体结构体系。

第 2 章阐述了配电自动化系统主站测试技术，介绍了配电自动化系统主站测试需求及验收测试方法。

第 3 章阐述了配电自动化系统终端测试技术，介绍了配电自动化系统终端测试需求、配电自动化系统终端型式试验与例行试验及配电自动化系统终端信息安全测试。

第 4 章阐述了配电自动化系统故障处理性能测试技术，介绍了配电自动化系统故障处理性能的实验室测试方法、主站注入测试法、二次同步注入测试法、主站与二次协同注入测试法，并对几种测试方法进行了比较，最后针对现场测试应用进行了详细说明。

第 5 章阐述了主站注入法测试配电自动化系统主站故障处理性能用例，包括：架空配电网基本故障处理测试用例、电缆配电网基本故障处理测试用例、架空配电网容错故障处

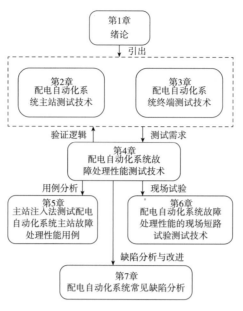

图 1-1 组织结构

理测试用例、电缆配电网容错故障处理测试用例、模式化接线架空配电网故障处理测试用例、模式化接线电缆配电网故障处理测试用例、配电网大面积断电快速恢复测试用例。

第 6 章阐述了配电自动化系统故障处理性能的现场短路试验测试技术，讲述了其基本原理，介绍了瞬时短路故障测试方法与安全保护技术以及永久短路故障测试方法与安全保护技术。

第 7 章阐述了配电自动化系统常见缺陷分析技术，介绍了利用历史曲线发现缺陷的方法以及与状态量采集有关的缺陷、与遥控有关的缺陷、与故障处理有关的缺陷等类型缺陷的分析方法。

最后，在附录中给出了国家电网公司配电自动化系统基本功能测试表。

在本书中，配电自动系统主站可简称为主站，配电自动化系统终端可简称为配电终端或终端。

第 2 章　配电自动化系统主站测试技术

本章从一般软件系统的测试分类出发，介绍软件测试的各种测试内容以及测试模型，并针对配电自动化系统的特点探讨了配电自动化系统主站的测试需求与内容。

2.1　配电自动化系统主站测试需求

2.1.1　软件测试的分类

软件测试有着各式各样的说法，关于软件测试的分类框架，普渡大学的 Aditya P. Mathur 教授在文献［2］中分别从测试设计的依据、测试所在的生命周期、测试活动的目标、被测软件制品特点以及测试过程模型 5 个方面对软件测试的类型进行了归纳与分类。

2.1.1.1　测试设计的依据

根据测试设计的依据，软件测试的类型有黑盒测试、白盒测试、基于模型或规范的测试、接口测试。

（1）黑盒测试（Black - Box Testing）[3] 把程序看作一个不能打开的黑盒子，不考虑程序内部逻辑结构和内部特性的情况下，测试程序的功能。测试要在软件的接口处进行，它只检查程序功能是否按照规格说明书的规定正常使用，程序是否能接收输入数据而产生正确的输出信息，以及性能是否满足用户的需求，并且保持数据库或外部信息的完整性。通过测试来检测每个功能是否都能正常运行，因此黑盒测试又可称为从用户观点和需求出发的测试。

（2）白盒测试（White - Box Testing）[3] 是指在测试活动中基于源代码进行测试的用例设计和评价。一般包含静态测试和动态测试，其中静态测试通过人工的模拟技术对软件进行分析和测试，不要求程序实际执行；动态测试是指输入一组预先按照一定测试准则设计的实例数据驱动运行程序，检查程序功能是否符合设计要求，发现程序中错误的过程。

（3）基于模型或规范的测试[2] 是指对软件行为进行建模以及根据软件的形式化模型设计测试的活动，在测试过程中需要首先对需求进行形式化定义。

（4）接口测试（Interface - Testing）[3] 的目的是测试系统相关联的外部接口，测试的重点是要检查数据的交换以及传递和控制管理过程。

2.1.1.2　测试所在的生命周期

根据测试所在的生命周期，软件测试的类型有单元测试、集成测试、系统测试、回归测试以及非正式验收测试，本书主要介绍非正式验收测试。

非正式验收测试过程分为 Alpha 测试和 Beta 测试[3]。其中 Alpha 测试是用户在开发环境下所进行的测试，或者是内部开发的人员在模拟实际环境下进行的测试。Alpha 测试没有正式验收测试那样严格，在 Alpha 测试中，主要是对用户使用的功能和用户运行任务进行确认，测试的内容由用户需求说明书决定。进行 Beta 测试时，各测试员应负责创建自己的测试环境，选择数据，决定要研究的功能、特性和任务，并负责确定自己对于系统当前状态的接受标准。

2.1.1.3 测试活动的目标

针对特定的目标，软件测试可以分为：功能测试、性能测试、压力测试、安全保密测试、可靠性测试、容错性测试、鲁棒性测试、GUI 测试、操作测试、入侵测试、验收测试、兼容性测试、一致性测试、外设配置测试、外国语言测试等。

（1）功能测试用于考察软件对功能需求完成的情况，应该设计测试用例使需求规定的每一个软件功能得到执行和确认。

（2）性能测试检验软件用于考察是否达到需求规格说明中规定的各类性能指标，并满足一些与性能相关的约束和限制条件。

（3）压力测试[3] 即强度测试，是指模拟巨大的工作负荷来测试应用程序在峰值情况下如何执行操作。在实际的软硬件环境下，压力测试主要是以软件响应速度为测试目标，尤其针对在较短时间内大量并发用户访问时软件的抗压能力。

（4）容错性测试包括两个方面：一方面是输入异常数据或进行异常操作，以检验系统的保护性，如果系统的容错性好，系统只给出提示或内部消化掉，而不会导致系统出错甚至崩溃；另一方面是灾难恢复性测试，通过各种手段，让软件强制性地发生故障，然后验证系统已保存的用户数据是否丢失，系统和数据是否能尽快恢复。

2.1.1.4 被测软件制品特点

针对不同被测软件制品而进行的特定软件测试分类，例如：针对应用程序组件的组件测试；针对客户/服务器的 C/S 测试；针对编译器的编译器测试；针对设计的设计测试；针对编码的编码测试；针对数据库系统的事务流测试；针对面向对象软件的 OO 测试；针对操作系统的 OO 测试；针对实时软件的实时测试；针对需求的需求测试；针对 Web 的 Web 服务测试。

2.1.1.5 测试过程模型

1. 常用测试过程模型

目前存在着各种测试模型，所谓测试模型是软件开发全部过程、活动和任务的结构框架，是把多种测试方式集成到软件的生命周期中的一个完整过程。常用的测试过程模型有：瀑布测试模型、V 测试模型、快速原型模型、螺旋测试以及敏捷测试等。

（1）瀑布测试模型（Waterfall Model）。1970 年由 W·Royce 提出，该模型给出了固定的顺序：对需求规格说明、设计、编码与单元测试、集成与子系统测试、系统测试、验收测试、培训和交付、维护等生存期活动，从上一个阶段向下一个阶段逐级过渡，如同流水下泻，最终得到所开发的软件产品，投入使用。在瀑布模型中，软件开发的各项活动严格按照线性方式进行，当前活动接受上一项活动的工作结果，实施完成所需的工作内容。当前活动的工作结果需要进行验证，如果验证通过，则该结果作为下一项活动的输入，继续

5

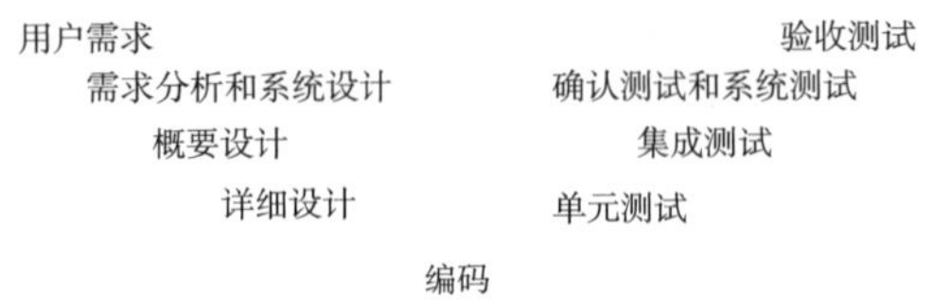

用户需求　　　　　　　　　　验收测试
需求分析和系统设计　　　　确认测试和系统测试
概要设计　　　　　　　　　　集成测试
详细设计　　　　　　　　　　单元测试
编码

图 2-1　V 测试模型

进行下一项活动，否则返回修改。

（2）V 测试模型（V Model）。该测试模型是软件开发瀑布测试模型的变种，它反映了测试活动与分析和设计的关系，如图 2-1 所示，从左到右，描述了基本的开发过程和测试行为，非常明确地标明了测试过程中存在的不同级别，并且清楚地描述了这些测试阶段和开发过程期间各阶段的对应关系，左边依次下降的是开发过程各阶段，与此相对应的是右边依次上升的部分，即各测试过程的各个阶段。

V 测试模型是在快速应用开发（Rapid Application Development，RAD）模型基础上演变而来，由于将整个开发过程构造成一个 V 字形而得名。V 测试模型强调软件开发的协作和速度，将软件实现和验证有机地结合起来，在保证较高的软件质量情况下缩短开发周期。

（3）快速原型模型（Rapid Prototype Model）。快速原型模型的第一步是建造一个快速原型，实现客户或未来的用户与系统的交互，用户或客户对原型进行评价，进一步细化待开发软件的需求。通过逐步调整原型使其满足客户的要求，开发人员可以确定客户的真正需求。第二步则在第一步的基础上开发客户满意的软件产品。

（4）螺旋测试模型（Spiral Model）。1988 年，Barry Boehm 正式发表了软件系统开发的螺旋测试模型，将瀑布测试模型和快速原型模型结合起来，强调了其他模型所忽视的风险分析，螺旋测试模型采用一种周期性的方法来进行系统开发，以进化的开发方式为中心，在每个项目阶段使用瀑布模型法，这种模型的每一个周期都包括需求定义、风险分析、工程实现和评审 4 个阶段，由这 4 个阶段进行迭代。软件开发过程每迭代一次，软件开发又前进一个层次。在最后阶段测试，人员关注的是系统测试和验收测试。

（5）敏捷测试（Agile testing）。敏捷测试强调从客户的角度来测试系统，重点关注持续迭代的测试新开发的功能，而不再强调传统测试过程中严格的测试阶段，尽早开始测试，一旦系统某个层面可测，比如提供了模块功能，就要开始模块层面的单元测试，同时随着测试深入，持续进行回归测试保证之前测试过内容的正确性。

2. 常用测试模型的特点

以上几种常用测试模型的主要特点如下：

（1）瀑布测试模型由于开发的模型为线性，用户只有等到整个过程的末期才能见到开发成果，从而增加了开发的风险，早期的错误可能要等到开发后期的测试阶段才能发现，进而带来严重的后果。

（2）V 测试模型使用户能清楚地看到质量保证活动和项目同时展开，项目一启动，软件测试的工作也就启动了，避免了瀑布模型所带来的误区——软件测试是在代码完成之后进行。V 测试模型具有面向客户、效率高、质量预防意识等特点，能帮助我们建立一套更有效的、更具有可操作性的软件开发过程。

（3）快速原型模型可以克服瀑布测试模型的缺点，减少由于软件需求不明确带来的开发风险。快速原型模型的关键在于尽可能快速地建造出软件原型，一旦确定了客户的真正需求，所建造的原型将被丢弃。因此，比起原型系统的内部结构，更重要的是必须迅速建立原型，随之迅速修改原型，以反映客户的需求。

（4）采用螺旋测试模型需要具有相当丰富的风险评估经验和专门知识，在风险较大的项目开发中，如果未能够及时标识风险，势必造成重大损失，另外，过多的迭代次数会增加开发成本，延迟提交时间。

（5）敏捷测试是一个持续的质量反馈过程，测试中发现的问题要及时反馈给产品经理和开发人员，测试人员不仅要全程参与需求、产品功能设计等讨论，而且要面对面地、充分地讨论并参与代码复审。

瀑布测试模型由于其滞后的测试响应，一般不太常用，快速原型模型、螺旋测试模型。敏捷测试可以将测试反映的问题或者用户的需求迅速地反映到软件开发中，目前在软件开发中比较常用，一般在软件开发商的内部质量控制中使用。V测试模型由于其质量保证活动和项目开发活动同时展开，不仅可以应用到软件开发商的内部质量控制，同时也可以提供给软件使用者实现外部质量控制，因此非常适合配电自动化系统这样的大型软件系统的质量保证过程。

2.1.2 配电自动化系统主站的测试任务

2.1.2.1 配电自动化系统主站的组成

1. 软件系统

配电自动化系统主站是一个大型的应用软件系统，典型的配电自动化系统主站软件由基础软件、平台支撑软件和应用软件3部分组成。基础软件包括操作系统、商用数据库管理系统、基础GIS平台等。平台支撑软件包括实时数据库管理系统、网络通信、系统管理、进程管理、应用管理、报文管理、打印管理、制表管理等。应用软件包括数据采集、SCADA处理、人机界面、配电故障处理、GIS应用、WEB应用、配电高级应用、接口等。

2. 硬件设备

配电自动化系统主站的硬件设备主要包括UNIX服务器、UNIX工作站、PC工作站、存储设备以及集线器、交换机、路由器等网络设备。配电自动化系统主站的网络类型采用双以太局域网，网络协议采用TCP/IP或DECnet等，由主系统信息处理网、数据采集网以及与其他系统通信网3个双以太网构成。在主系统信息处理网中，服务器包括DMS应用服务器、SCADA服务器、历史数据服务器、DTS服务器、WEB服务器等；工作站包括调度员工作站、远程维护工作站、报表工作站、配电工作管理工作站等，其中磁盘阵列用于存储历史数据。在数据采集网中，由数据采集服务器、终端服务器和网络交换机组成，其中终端服务器用于连接串行通信的配电终端设备，网络交换机用于连接网络型的配电终端设备。在与其他系统通信网中，由通信服务器和网络交换机或路由器组成，完成与SCADA/EMS系统以及其他的信息管理系统接口与互联。

2.1.2.2 配电自动化系统主站的测试过程

根据V测试模型的测试过程，针对配电自动化系统主站产品软件开发过程的需求分析、系统设计和具体编程的不同阶段，测试的内容包括：单元测试、集成测试、系统测试和验收测试。配电自动化系统主站的测试过程遵守IEEE Std 1012—2012软件动态测试标准。

（1）单元测试。其目的是检验软件模块的设计开发情况，主要由编程人员和测试人员通过开发测试环境进行测试。按照设定好的最小测试单元进行按单元测试，主要是测试程序代码，为的是确保各单元模块被正确的编译，单元的划分按不同的软件有所不同，比如有具体到模块的测试，也有具体到类、函数的测试等。

（2）集成测试。其目的是检验各个子部件软件模块的集成情况，重点是测试子部件的接口功能，使用子部件的测试环境进行测试。经过了单元测试后，将各单元组合成完整的体系，主要测试各模块间组合后的功能实现情况，以及模块接口连接的成功与否，数据传递的正确性等。是软件系统集成过程中所进行的测试，其主要目的是检查软件单位之间的接口是否正确。

（3）系统测试。经过了单元测试和集成测试以后，要把软件系统搭建起来，按照软件规格说明书中所要求，测试软件功能等是否和用户需求相符合，在系统中运行是否存在漏洞等。

（4）验收测试。主要用于测试系统目标和支持验收过程、使用系统及实际运行测试环境。当用户在拿到软件时，会根据需求以及规格说明书来做相应测试，以确定软件是否满足需求。

基于V测试模型的测试任务中，软件设计实现的过程同时伴随着质量保证活动，需求分析、定义和验收测试等主要工作是面向用户，要和用户进行充分的沟通和交流，也可以和用户一起完成。概要设计、详细设计以及编码工作在开发组织内部进行，主要是由工程师、技术人员完成。配电自动化系统主站测试，单元测试采用白盒测试方法较多，到了集成、系统测试，更多是将白盒测试方法和黑盒测试方法结合起来使用，形成灰盒测试方法，而在验收测试过程中，由于用户一般要参与，使用黑盒测试方法。

在V测试模型中，需求分析和功能设计与验收测试相对应，测试目标的确定、测试用例（Use Case）准备以及测试活动的策划，需要在需求分析、产品功能设计的同时进行，这样产品的设计特性、用户的真正需求才可以在测试和设计两个方面得以实现。本章的重点在于配电自动化的验收测试，因此主要采用黑盒测试方法，具体测试的内容包括：功能测试、性能测试、压力测试、一致性测试、安全保密测试、可靠性测试等。这些测试内容将对配电自动化系统的运行进行测试，以确认是否满足用户的需求和相关标准，对配电自动化系统主站的可靠性的提高有很大帮助。

2.2 配电自动化系统主站验收测试方法

配电自动化系统主站的验收测试主要考察系统的整体性能指标，测试内容包括：配电自动化系统主站的功能测试、性能测试、压力测试、一致性测试、可靠性测试、安全保密测试。功能测试是根据技术协议来测试产品的每个功能是否都能正常使用、是否达到了产品规格说明书的要求；在性能指标测试中除了考察配电自动化系统主站的基本时间响应指标和容量指标外，还对系统的负载率和软件的编程质量进行了考核；压力测试采用雪崩测试用例模型，主要目的是考察系统应对突发事件时处理能力；一致性测试主要测试配电自动化系统主站与配电终端通信规约以及信息交换的模型和消息是否满足一致性；可靠性测试目的是考察系统的容错能力，特别是网络、数据库和采集系统的备份；安全性测试考察系统的抗病毒能力、防入侵和安全权限以及灾难恢复的能力。

2.2.1 功能测试

功能测试包括用户界面测试，各种操作的测试，不同的数据输入、逻辑思路、数据输出和存储等的测试。

1. 功能测试的步骤

功能测试的步骤如下：

（1）按照系统给出的功能列表，逐一设计测试案例。

（2）运行测试案例。

（3）检查测试结果是否符合业务逻辑。

（4）评审功能测试结果。

功能测试应注意整体性和重点性，整体上要着重考察是否符合相应的配电自动化标准对于功能的要求，重点考察每个功能是否都能正常使用，每项功能是否符合实际要求，功能逻辑是否清楚，是否符合使用者习惯；系统的各种状态是否按照业务流程而变化，是否能保持稳定，是否支持各种应用的环境和多种硬件周边设备，与外部应用系统的接口是否有效；软件系统升级后，是否能继续支持旧版本的数据等。

2. 功能测试的内容

配电自动化系统主站的功能测试包括：配电自动化系统主站 SCADA 系统功能测试，配电自动化系统主站 FA（Feeder Automation）系统功能测试，配电自动化系统主站 DMS（Distribution Management System）系统功能测试，配电自动化系统主站与其他系统接口功能测试。配电自动化系统主站功能测试是在配电终端或子站仿真测试工具接入的情况下测试主站功能，终端仿真测试工具测试配电自动化系统主站结构如图 2-2 所示。

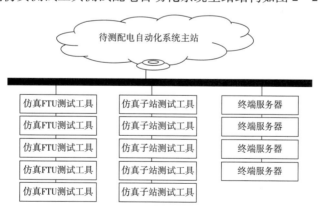

图 2-2 终端仿真测试工具测试配电自动化系统主站结构图

利用终端仿真测试工具可以较好地测试各种工况下的系统功能和性能指标，终端仿真测试工具仿真 FTU（Feeder Terminal Unit）功能，子站测试工具可以仿真子站功能，可以多机对时协同工作，主要功能如下：

（1）提供网络与串口数据两种接口方式。

（2）提供快捷的生成大量 FTU 功能。

（3）提供雪崩测试入口。

（4）多机协同工作，用于共同完成系统容量测试与雪崩测试。

（5）可以根据各种典型情况建立、编辑、修改、保存、查询各种典型测试方案。

（6）可以产生各种遥测、遥信实时变化数据流，遥测与遥信的变化规律可根据典型方案生成或者由用户自定义遥测与遥信之间的算术关系、逻辑关系和时序关系。

（7）可以仿真产生开关事故跳闸、保护动作、冲击负荷跳变、潮流分布变化等各种典型配电网事故的实际过程以及电网的正常变化过程，并可仿真产生自动化装置异常而出现的误遥信，例如接点抖动、批量遥信、错误遥测、死数据、跳变数据、零漂、非线性、通信异常等现象。

（8）可以仿真变电站的遥控、遥调操作，并将相应的操作结果仿真显示。

一个典型的配电自动化系统主站的功能测试报告如表2-1所示。

表2-1　　　　　　　　　配电自动化系统主站功能测试报告样表

单位名称		生产厂商	测试地点	测试时间
测试依据		DL/T 814—2013《配电自动化系统技术规范》 Q/GDW 382—2009《配电自动化技术导则》 Q/GDW 567—2010《配电自动化系统验收技术规范》 Q/GDW 513—2010《配电自动化主站系统功能规范》		
测试结论	序号	测试项目	测试结果	结论
	1	数据采集		
	2	数据处理		
	3	系统建模		
	4	馈线故障处理		
	5	多态模型管理		
	6	状态估计		
	7	潮流计算		
	8	告警服务		
	9	解合环分析		
	10	负荷转供		
	11	负荷预测		
	12	系统运行状态管理		
	13	网络重构		
	14	配网调度运行支持应用		
测试人员				
报告编写人				
校核人				
负责人				
测试时间				

2.2.2 性能测试

性能测试的目的在于评估系统的能力，识别系统中的弱点，实现系统优化以及验证系统的稳定性及可靠性。

配电自动化系统主站软件性能测试需要测试在获得定量结果时计算的精确性；测试在有速度要求时完成功能的时间；测试软件系统完成功能时所处理的数据量；测试软件各部分工作的协调性，如高速操作、低速操作的协调性；测试软件/硬件中因素是否限制了产品的性能；测试产品的负载潜力及程序运行时占用的空间。

配电自动化系统主站性能指标测试主要测试各种功能可以定量化的技术指标，包括：时间响应性指标、容量指标以及系统负载率指标。配电自动化系统主站性能指标可以采用配电终端仿真环境[1]进行测试，为了更好地完成配电自动化系统主站特定功能的测试，建立配电终端仿真环境，用计算机来仿真配电自动化的 FTU（Feeder Terminal Unit）、TTU（Transformer Terminal Unit）、DTU（Distribution Terminal Unit）及配电子站等站端系统的运行。配电终端仿真环境详细介绍参见文献 [1]。

1. 时间响应性指标测试

配电自动化系统主站的时间响应性指标见表 2-2，表中所列指标主要是指通过仿真测试终端模拟发送数据的测试环境下的时间指标，不包括通信系统的时间延迟。

表 2-2 配电自动化系统主站时间响应性指标[15]

配电自动化系统主站性能指标	状态响应时间	配电自动化系统主站性能指标	状态响应时间
实时信息变化响应时间	≤1s	单个馈线故障处理响应时间	≤5s
遥控输出响应时间	≤2s	单次状态估计计算时间	≤15s
SOE 等终端事项信息时标精度	≤10ms	单次潮流计算时间	≤10s
事故画面推出时间	≤10s	单次转供策略计算时间	≤5s
85%画面调用响应时间	≤3s	负荷预测计算时间	≤15min
单次网络拓扑着色时延	≤2s	单次网络重构计算时间	≤5s

计时工具可以采用数字式毫秒计，也可以考虑采用编制相应的测试软件，在全网统一对时之后，通过记录与各个测试项目相对应的时间报文的时间差自动记录响应时间。

为减少试验结果的离散性，一般采用测试 10 次以上，去除最大、最小值，再取平均值的方法。

2. 容量指标测试

容量包含两个方面的要求：一是能够接入配电终端数量是否满足设计的要求；另一个是接入量测数量是否满足设计的要求。配电自动化系统主站的容量指标如表 2-3 所示。

表 2-3 配电自动化系统主站容量指标[15]

配电自动化系统主站性能指标	容量	配电自动化系统主站性能指标	容量
可接入实时数据容量	≥200000	历史数据保存周期	≥3 年
可接入终端数	≥2000	可接入工作站数	≥40
可接入子站数	≥50	可接入分布式数据采集片区	≥6
可接入控制量	≥6000		

设置两台以上采集节点，按要求配置必需的采集模块，在测试中通过配电终端仿真环境模拟配电终端运行进行容量测试。

（1）配电终端数量容量测试。在配电终端仿真环境中进行终端数设置，第一次设置1/4配电终端设计容量数进行测试，查看配电自动化系统主站各项指标是否运行正常；第二次设置1/2配电终端设计容量数进行测试，查看配电自动化系统主站各项指标是否运行正常；第三次设置配电终端设计容量数进行测试，查看配电自动化系统主站各项指标是否运行正常。

（2）接入量测数容量测试。在配电终端仿真环境中进行接入量测数量设置，第一次设置1/4接入量测数量设计容量数进行测试，查看配电自动化系统主站各项指标是否运行正常；第二次设置1/2接入量测数量设计容量数进行测试，查看配电自动化系统主站各项指标是否运行正常；第三次设置接入量测数量设计容量数进行测试，查看配电自动化系统主站各项指标是否运行正常。

3. 系统负载率指标

CPU负载率与网络负载率是反映系统健壮性、软件编程效率的关键指标，也是应对突发事件的系统资源的备用容量，通过对这两个关键指标的检测，可以较好地从计算机运行的角度反映系统的运行状况。系统负荷及网络指标由各种工况下的网络负载率和系统CPU负载率表示。除CPU负载率以外，内存负载率也是反映系统性能状况重要指标。

（1）指标要求。CPU负载率（任意5min内）小于40%；网络负载率（任意5min内）小于30%。

（2）CPU负载率测试。正常工况下，在完成系统各项模拟操作时，利用操作系统自带的系统性能分析工具或软件的黑盒测试工具记录各种操作的CPU负载率。

（3）网络负载率测试。正常工况下对配电自动化系统主站进行各种操作，通过网络性能测试仪监测网络负载率变化情况。

2.2.3 压力测试

配电自动化系统主站的压力测试主要是数据库压力测试以及网络通信压力测试，采用雪崩测试（Avalanche Characteristics Test）用例，雪崩测试模拟事故情况下，信息剧增可能造成的各种对配电自动化系统主站性能的影响。雪崩测试模型参考IEC 61850标准提供的参考数据得到，信息的变化量用了3min之内数据库全部信息体2.14%（IEC 61850）发生变化以及10min之内数据库的全部信息体15%发生变化，测试网络负载率及系统响应状况。完成系统各项操作时，要求系统应能正常工作，事件记录完整，事件顺序记录能真实反映试验情况，CPU平均负载率（任意5min内）不大于40%，网络负载率（任意5min内）小于30%。

通过配电终端仿真环境模拟雪崩测试模型，也可以与LoadRunner工具相结合进行负载压力测试，LoadRunner是一种预测系统行为和性能的负载测试工具。通过模拟上千万用户实施并发负载及实时性能监测的方式来确认和查找问题，使用LoadRunner，企业能最大限度地缩短测试时间，优化性能和加速应用系统的发布周期。LoadRunner测试界面如图2-3所示。

使用LoadRunner完成性能测试一般分为4个步骤。

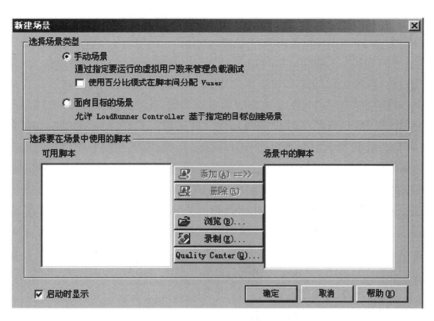

图 2-3　LoadRunner 测试界面

1. Virtual User Generator 创建脚本

该步骤主要内容为：

（1）创建脚本，选择协议。

（2）录制脚本。

（3）编辑脚本。

（4）检查修改脚本是否有误。

2. 通过 Controller 来设置虚拟用户

该步骤主要内容为：

（1）创建 Scenario，选择脚本。

（2）设置虚拟用户数。

（3）设置 Schedule。

（4）如果模拟多机测试，需要设置 Ip Spoofer。

3. 运行脚本

运行脚本中，主要是对 Scenario 进行分析。

4. 分析测试结果

配电自动化系统主站的压力测试也可以采用专用压力测试平台进行，比如常用的 DATS-1100 配电自动化系统主站压力测试平台，其主要特点如下：

（1）DATS-1100 压力测试平台可以根据配置的遥测、遥信和遥控点表信息生成大量配电终端和实时海量的遥测和遥信以及 SOE（Sequence of Events）数据，根据配置的通信信息和规约信息建立网络连接和信息通道，把相应的海量实时数据发送给配电自动化系统主站；DATS-1100 压力测试平台还能够与配电自动化系统主站实时交互数据，接收主站的遥控命令并向配电自动化系统主站发送反校命令和确认命令。

（2）DATS-1100 压力测试平台采用锯齿波数学模型（利用遥测数据初始值、遥测数据增长步长和遥测数据最大值生成）定时生成遥测数据，存储在压力测试平台的遥测实时数据库中，根据设置的数据发送周期，定时发送遥测数据到配电自动化系统主站，在配电自动化系统主站中通过查看接收到的遥测数据实时曲线或遥测数据历史曲线的锯齿波是否完整光滑，能够方便地检验配电自动化系统主站对海量遥测数据接收是否完整，处理是否正确。

（3）DATS-1100 压力测试平台采用对遥信数据进行循环取反的方法生成遥信变位数据，每一个遥信变位数据同时生成一个 SOE 数据，分别存储在压力测试平台的遥信实时数据库和 SOE 实时数据库中，根据配置的数据发送周期，定时发送给配电自动化系统主站，在主站中通过查看接收到的遥信变位记录，能够检验配电自动化系统主站对大量遥信变位数据接收是否完整，处理是否正确；通过查看接收到的 SOE 实时报警信息或 SOE 历史事件记录能够检验配电自动化系统主站对 SOE 数据接收是否完整，处理是否正确。

（4）每套 DATS-1100 压力测试平台可以模拟 1000 个配电终端、10 万个遥测点和遥信点，数据更新周期可在 0.5~60s 之间随意设置。为了制造更大的压力环境，往往还可以同时采用多套 DATS-1100 压力测试平台同时向配电自动化系统主站进行数据交互，与此同时，还可以采用本书 4.2 节即将论述的 DATS-1000 主站注入测试平台模拟多重故障，迫使配电自动化系统主站在处理海量数据的同时进行故障处理，从而进一步检验其抵御压力的性能。

2.2.4 一致性测试

配电自动化系统主站的一致性测试包括模型及消息以及规约的两个方面测试。模型及消息的一致性测试主要测试不同厂家的应用系统对 IEC 61968 标准的贯彻情况。

2.2.4.1 模型及消息的一致性测试

随着电力信息标准化的逐步开展，电力企业开始构建基于企业服务总线（Enterprise Service Bus，ESB）的信息集成架构。然而各个系统提供商在实际应用中对 IEC 61968 标准制定的总线模型与消息规范的理解和贯彻执行差别较大，经常会出现信息交换双方的模型不匹配或者语义不一致导致互操作的失败，在同一条信息交互总线上传递的信息模型与消息类型混乱，以致应用间信息集成受阻，不利于企业内或企业间的信息集成。从技术上讲，缺少一种校验机制对总线信息模型与消息规范进行一致性约束，因此有必要在总线上部署模型与消息验证测试。需要引入一种能够校验模型自身错误的验证器，或者在企业总线上增加模型验证服务，也就是所谓的语义验证机制，即从实际的电网数据模型中解析出元数据信息，并将其与统一的信息模型做校验，实现语义层次的差异化分析。

IEC 61968 定义的接口参考模型（IRM）规定，应用组件间的通信要求两个层次上的兼容性，图 2-4 给出了验证服务在 IEC 61968 消息总线上的工作流程，即部署在总线上的应用组件每进行一次模型更新（元数据），需要首先向验证服务器传递一条待发布的消息，验证服务器将验证结果返回给应用组件（专有信道）。若验证结果不兼容，则该组件不允许向总线上发布消息，需要根据提供的不兼容信息对模型做核实和修改。若验证通过，则可以向总线服务订阅方发布相应的业务消息，并且在下一次模型更新之前不必再向验证服务器传送消息。经过该验证环节，保证了总线上传输的消息符合定制的消息类型规范（XSD），并且信息模型符合特定子集协议（Profile）的约束。

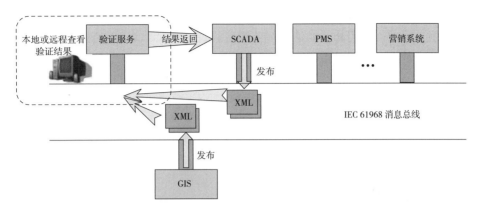

图 2-4 消息总线上的验证服务

SCADA—配电网数据采集和监控；PMS—生产管理系统；GIS—地理信息系统

总线验证机制包含了两个层面：一层是模型验证，即元数据层面的一致性校验；另一层是消息类型的规范性验证。所谓模型验证，是指从消息体（Message Payload）中解析出电网模型元数据信息，并将其与统一的信息模型（CIM 及其扩展）做比对，分析语法格式的兼容性以及模型语义的一致性，筛选出不兼容信息，从而便于进行信息模型的管理与维护，从根源上保证总线语义的一致性。而消息类型的规范性验证则是校验总线上传输的消息（XML）是否符合特定的消息类型规范（XSD）（包括 IEC 61968-3 至 IEC 61968-10 定义的消息类型和扩展的消息格式）。

需要指出的是，这两个层面的验证并不是完全按照互操作框架中信息层区分，是由消息体（Payload）装载的消息格式决定的，消息构成中的消息体中可以装载如 RDF、XSD、PDF 等格式的文档，由于 RDF 和 XSD 在语法格式和语义定义方面具有各自的优势，如 RDF 可以表达资源之间的继承关系，因此可以应用于表达电网模型、拓扑连接等语义性需求较强的场景，而 XSD 使用嵌套方式描述元素之间的关系，在数据转换以及扩展方面具有很大的灵活性。针对以上特点，对基于 RDF 表达的消息体采用基于本体 OWL 的验证方法（即模型验证），而对于基于 XSD 规范的消息采用消息类型的有效性验证（即消息验证）。

模型验证首先是通过解析 CIM/XML，抽取该数据模型的元数据信息，并将其与基于本体描述的语义模式做比对，该语义模式可以是基于标准 CIM 及其扩展的全模型，也可以是统一配置的子集协议，具体的模式选择需要结合实际应用需求。其验证原理如图 2-5 所示。

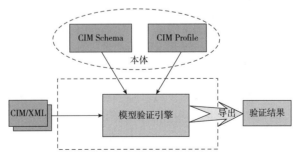

图 2-5 模型验证原理

消息验证将消息体规范文档导入至 Message. xsd 这个模式（Schema）中来，构成一个完整的总线消息格式。利用合并的消息规范构建验证的模式，从而实现与消息的比较。在信息技术领域，消息验证就是指 XML 文档的有效性验证，即提取出 XML 实例的组织结构和内容类型，并与消息类型定义相比较，若符合消息类型定义的整体结构（包括元素内容、属性，以及出现的顺序、次数等），则表明该 XML 实例文档是与其模式相一致的。其验证原理如图 2－6 所示。

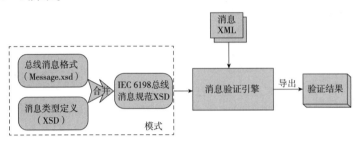

图 2－6　消息验证原理

2.2.4.2　IEC 61968 消息一致性测试

1. IEC 61968 消息一致性测试方法

元数据（Metadata）是描述数据的数据，可以描述数据的编码方式或数据交换的格式，也可以描述一种数据如何映射为另外形式的数据。

IEC 61968 的消息实例是一种标准化的数据，因此必然存在描述它的元数据。基于一致性测试的需求，本书将 IEC 61968 消息的元数据分为以下两类。

（1）消息信封元数据（Message Envelope Metadata）。消息信封由消息头、请求组件、应答组件及消息体的"Format"字段组成，4 种消息类型的消息信封包含的组成部分有一定差异。消息信封元数据是指描述消息信封结构的 XSD 文件，包含 4 种消息类型及其各组成部分的结构定义。前文已介绍了部分该 XSD 中定义的消息结构，完整文件可在 IEC 61968－1 第 2 版[15] 或 IEC 61968－100[16] 中获取。

（2）消息体子集元数据（Payload Profile Metadata）。IEC 61968 消息的实际业务数据一般会用于替换消息体的"any"字段，而消息体的"Format"字段仅用于标记实际数据的格式，属于消息信封范畴，因此从某种意义上说，用于替换"any"字段的数据才是真正的消息体。为避免混淆，我们将其称为消息体子集实例。消息体子集元数据即消息体子集实例所对应的 XSD 文件，由 IEC 61968－3 至 IEC 61968－10 部分制定，也可由用户自行根据需求基于 CIM 模型抽取子集并利用 CIM Tool 等软件生成。

2. IEC 61968 消息一致性测试规则

一致性测试是基于 IEC 61968 标准以及实际的应用需求，建立一致性测试规则，并通过一定的测试流程比对待测消息与规则的一致性。建立合适的一致性规则是实现一致性测试的基础。本书提出以下两个层次的一致性测试规则。

（1）格式层规则。格式层规则用于测试 IEC 61968 消息的格式是否符合对应的元数据定义。对于一条完整的 IEC 61968 消息实例，其信封格式应符合消息信封元数据的定义，其消息体子集实例格式应符合消息子集元数据的定义。因此，IEC 61968 消息一致性测试的格式层规则应分为两个并行部分，即消息信封格式层规则和消息体子集格式层规则。

1）XSD 于 2001 年成为万维网联盟（W3C）推荐使用的标准，它用于定制一个 XML 文件的结构，对该文档中的元素（Element）和属性（Attribute）的层次、顺序、类型、值域、基数、命名空间等进行约束。对于一个 XML 文件而言，它如果需要被正确地识别和解析，则它不仅仅应该是良构的（Well‑Formed，指符合基本的 XML 语法），更应该是有效的（Valid，指与对应的 XSD 匹配）。

2）XML 有效性规则是 W3C 标准[17]。对于 IEC 61968 消息而言，其消息信封元数据是 XSD 文件，大多数情况下的消息子集元数据也是 XSD 文件，因此消息信封格式层规则和消息体子集格式层规则，均可等同于 W3C 的 XML 有效性规则。实际测试时，IEC 61968 消息实例的消息信封部分，应通过 XML 有效性规则与消息信封元数据（即消息信封 XSD）进行比对，而消息体子集实例部分则应通过 XML 有效性规则与消息体子集元数据（即消息体子集 XSD）进行比对。不同版本的消息信封元数据、消息体子集元数据或对应不同业务的消息体子集元数据，可通过命名空间加以区分（由 XSD 文件根元素的目标命名空间"targetNamespace"属性标识）。

一条 IEC 61968 错误消息如图 2‑7 所示。

```
<FaultMessage xmlns="http://iec.ch/TC57/2011/schema/message">
    <Reply>
        <operationId>0</operationId>
        <Result>YES</Result>
        <Result>YES</Result>
        <ID>123</ID>
    </Reply>
</FaultMessage>
```

图 2‑7　IEC 61968 错误消息实例

错误消息不包含消息体，仅包含消息信封的应答组件。根据根元素节点中标识的命名空间，可知该条消息对应的消息信封元数据 XSD 的目标命名空间为"http：//iec.ch/TC57/2011/schema/message"，根据 W3C 的 XML 有效性规则，上述实例有几处与规则不符：①应答组件的节点顺序错误，"Result"节点应最先出现，然后是"ID"节点，最后是"operationId"节点；②"Result"节点基数错误，根据元数据定义，"Result"节点只能有且只有一个，而实例中出现了两个；③"Result"节点值与元数据定义不符，"Result"节点在元数据中通过枚举约束限制其值只能为"OK""FAILED"或"PARTIAL""YES"显然并不在其有效范围内。

（2）应用层规则。格式层规则只能测试 IEC 61968 消息与其元数据的一致性，但因元数据本身的通用性，使得在针对具体应用时，一些特殊的一致性需求无法通过元数据表达，这也使得仅满足格式层规则的一致性测试并不完备。因此，针对具体的应用场合，还应制定一系列应用层规则作为补充。

与格式层规则相仿，需分别制定消息信封和消息体子集实例的应用层一致性规则。

1）消息信封应用层规则。消息信封包含了交互双方的协议和参数，对于交互一致性至关重要。但是由于不同的应用场合及不同系统间的交互会有其特殊性，交互协议不可能完全相同，因此消息信封的应用层一致性测试应该是开放式的、可扩展的，可根据具体场景下的具体需求设计不同的规则。

本书制定两条适用于所有应用场景的消息信封应用层一致性基本规则，其余与业务绑定的规则（如某项业务的消息请求组件必须包含哪些参数等）可根据具体业务需求扩展，不作为必要测试内容。

定义 1：动词匹配规则。所有应用场景下，消息头中的动词都必须与消息类型匹配。请求消息的消息头仅可使用以下动词之一：get、create、change、cancel、close、delete、execute。应答消息的消息头仅可使用以下动词：reply。事件消息的消息头仅可使用以下动词之一：created、changed、canceled、closed、deleted、executed。

在消息信封元数据 XSD 中，消息头中的动词被定义为一个 string 类型的枚举类，可能的值域为：get、create、change、cancel、close、delete、execute、reply、created、changed、canceled、closed、deleted、executed。然而，不同的消息类型虽然共用这个动词定义，但在实际使用时不同类型的消息仅应使用值域中的一部分值以明确动词语义。在格式层校验时，只要动词字段的值落在该值域范围内，即符合 XML 有效性规则，无法测试出不同消息类型的动词是否符合实际的应用要求。因此需在应用层建立该规则作为补充。

一条 IEC 61968 应答消息如图 2-8 所示。该应答消息中，动词为"deleted"，虽然符合格式层的 W3C 的 XML 有效性规则，但是不符合动词匹配规则，<u>应修正为"Reply"</u>。

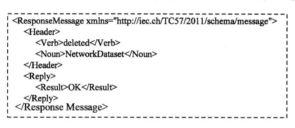

图 2-8 IEC 61968 应答消息实例

定义 2：信封根元素定义规则。所有应用场景下，消息信封的根元素名仅可为 RequestMessage、ResponseMessage、EventMessage、FaultMessage 四者之一。消息信封根元素所在命名空间必须与消息信封元数据库中的至少一个元数据 XSD 的目标命名空间相同。

假设信封元数据库中仅有一个 XSD，其目标命名空间为"http：//iec. ch/TC57/2011/schema/message"，此时下述消息：

<Event xmlns="http：//iec. ch/TC57/2008/">

该消息信封根元素定义是与规则不一致的，其根元素名和所在命名空间均错误，应修正如下：

<EventMessage xmlns="http：//iec. ch/TC57/2011/schema/message">

2）消息体子集实例应用层规则。与消息信封一样，对于消息体子集实例而言，每个不同的业务场景都对应不同的子集，也有不同的子集 XSD，每个不同的业务对数据会有不同的特定需求，很难通过一个统一的规则来描述其应用层一致性规则。因此消息体子集实例的应用层一致性规则也应该和消息信封一样，是开放式、可扩展的。

本书制定两条适用于所用场景的消息体子集应用层一致性基本规则，其余与业务绑定的规则（如电网拓扑模型子集的拓扑连接一致性[18]等），可根据具体业务需求扩展，不作为必要测试内容。

定义 3：引用有效性规则。所有应用场景下，凡消息体子集实例中的对象关联使用"ref"属性字段进行外部引用，则在该条消息内必须存在具备与该字段值相等的 mRID 子元素的元素节点。

IEC 61968 消息体子集实例中，为了降低数据冗余，对于有多对一关联的数据对象，会使用外部引用的方式来构建对象关联。IEC 61968 - 9 部分的抄表消息体子集实例如图 2 - 9 所示。

```
<m:MeterReadings xmlns:m="http://iec.ch/TC57/2009/MeterReadings#">
  <m:MeterReading>
    <m:Readings>
        <m:timeStamp>2009-12-17T09:30:47.0Z</m:timeStamp>
        <m:value>2.55</m:value>
          <m:ReadingType ref="0.0.1.0.2.13.2.0.0.0.111"/>
    </m:Readings>
    <m:Readings>
        <m:timeStamp>2009-12-17T09:30:47.0Z</m:timeStamp>
        <m:value>3.89</m:value>
        <m:ReadingQualities>
      <m:quality>2.5.256</m:quality>
        </m:ReadingQualities>
        <m:ReadingType ref="0.0.1.0.2.13.2.0.0.0.111"/>
    </m:Readings>
  </m:MeterReading>
  <m:ReadingType>
    <m:mRID>0.0.1.20.0.12.0.0.0.3.72</m:mRID>
    <m:aliasName>BulkQuantity Total Energy (kWh)</m:aliasName>
    <m:unit>kWh</m:unit>
  </m:ReadingType>
</m:MeterReadings>
```

图 2 - 9　抄表消息体子集实例

该实例中，"Readings"元素节点与"ReadingType"元素节点存在关联关系。正常情况下两个"Readings"元素节点都应该包含一个完整的"ReadingType"子节点，但由于两个"Readings"节点与同一个"ReadingType"节点相关联，包含两次完整节点会造成数据冗余，因此将"ReadingType"节点移到外层，并在"Readings"节点内添加一个仅含"ref"属性字段的"ReadingType"子节点，其值引用外部"ReadingType"节点的 mRID 字段，以此构建对象关联。根据引用有效性规则，显然上述实例与规则不一致，因为没有一个"ReadingType"元素节点的 mRID 子元素值为"0.0.1.0.2.13.2.0.0.0.111"，造成了引用无效。

定义 4：消息体子集实例根元素定义规则。所有应用场景下，消息体子集实例的根元素名必须与消息体子集元数据库中的至少一个元数据 XSD 名相同，且根元素所在命名空间必须和与其同名的元数据 XSD 中的一个目标命名空间相同。

IEC 61968 的业务子集名和其对应的 XSD 是相同的，如 IEC 61968 - 9 部分的"Meter-Readings"子集，其对应的 XSD 名就为"MeterReadings. xsd"。另外，同一个子集可能会有不同的版本，这些不同版本的 XSD 文件名相同，但目标命名空间不同。

假设子集元数据库中仅有一个 XSD，其目标命名空间为"http：//iec. ch/TC57/2009/MeterReadings#"，文件名为"MeterReadings. xsd"，此时下述消息：

<Meters xmlns = "http：//iec. ch/TC57/2009/Meters#">

该消息体子集实例的根元素定义是与规则不一致的，其根元素名和所在命名空间均错误，应修正如下：

<MeterReadings xmlns = "http://iec.ch/TC57/2009/MeterReadings#">

3. 元数据及规则驱动的一致性测试方法框架

IEC 61968 消息的元数据版本处于不断更替当中，其中消息信封元数据 XSD 从 2010 年年底至 2012 年年底进行了 20 余次修改，而各消息子集元数据 XSD 也在不断更新，许多子集甚至尚未发布。各系统开发商遵循不同版本元数据进行开发，会导致系统间互操作的失败。与元数据类似，一致性测试规则也具有很大的可扩展性，将会处于不断完善之中。

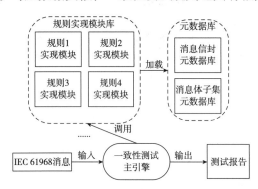

图 2 - 10 元数据及规则驱动的一致性测试方法框架

为了保证一致性测试方法的鲁棒性（Robustness），应设计一套元数据及规则驱动的框架。所谓元数据及规则驱动，即一致性测试的主过程不受元数据及规则变化的影响，彼此独立。该框架如图 2 - 10 所示。

一致性测试主引擎接收待测试 IEC 61968 消息，并调用规则实现模块库中的各模块，这些模块加载元数据库中的相关元数据用以实现格式层及应用层的规则推理，最终由主引擎输出一致性测试报告。

当元数据版本和内容发生变化时，只需修改元数据库，无需修改各规则实现模块和主引擎；当一致性测试规则发生变化或扩充时，只需修改或增加对应的规则实现模块，无需修改其他规则实现模块、主引擎和元数据库。这就保证元数据存储、规则推理与一致性测试主流程三者独立性，便于维护升级。

规则实现模块库中的各模块的物理封装粒度可根据实际情况调整，可以一条规则对应一个模块，也可以一类规则对应一个模块，较为灵活。

4. IEC 61968 消息一致性测试的软件实现

元数据及规则驱动框架可有多种实现方式，本节论述一种可扩展松耦合一致性测试 Web 服务体系用以实现该框架，如图 2 - 11 所示。

（1）本节基于 . NET Framework，使用 C#语言实现该 Web 服务体系。其主要软件流程如下：

1）主服务接收客户端发送的待测消息，解析主服务配置文件后创建与子服务数量相同的子线程，并行调用子服务并转发待测消息（并行化可充分提高测试效率），主线程循环等待。

2）子服务分别封装消息信封和消息体子集实例的格式层、应用层规则，并与对应的元数据库实现对接。规则的实现需要加载和解析元数据库中所有元数据的目标命名空间及元数据内容，并根据规则逐行遍历待测试消息，记录各规则的测试结果，生成测试子报告返回给主服务。

3）主服务接收到所有子报告后，结束等待并合并所有子报告，生成总测试报告，返

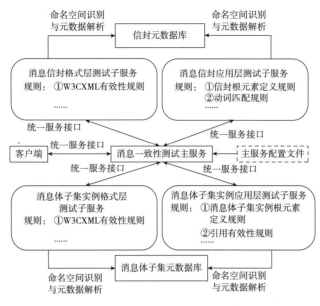

图 2-11　一致性测试 Web 服务体系

回给客户端。

（2）该 Web 服务体系的松耦合性和可扩展性主要由统一服务接口和可扩展主服务配置文件保证。

1）统一服务接口。主服务与所有子服务均使用同一个 Web 服务描述语言（Web Services Description Language，WSDL）文件来定义服务接口，如图 2-12 所示。该 WSDL 文件包含一个接口（方法），接口（方法）名为"Test"，输入参数类型为"Input"，输出参数类型为"Output"，格式分别如图 2-13 和图 2-14 所示，其中虚线框表示可选项，实线框表示必选项。

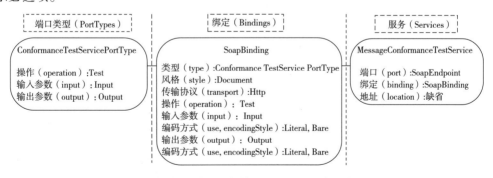

图 2-12　统一服务接口的 WSDL 文件结构

待测试的 IEC 61968 消息用于替换输入参数的"any"字段，"TimeStamp"字段用于记录请求时间；测试报告存放在输出参数的"TestReport"字段中，测试报告由测试项（TestItem）组成，每个测试项包含测试类型（TestClass）、所使用的规则（Rule）、测试结果（Result）以及错误列表（ErrorL-

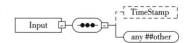

图 2-13　服务接口输入参数结构

ist），错误列表由错误项（Error）组成，错误项中包含该错误所在行号（RowNumber）和该错误的描述（Description）。

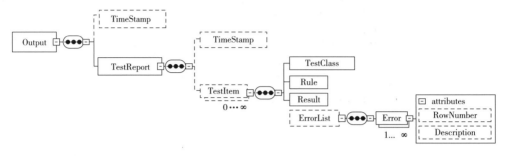

图 2-14　服务接口输出参数结构

2）可扩展主服务配置文件。由于本方案是元数据及规则驱动框架的一种实现，因此必须保证元数据和规则的更新不影响测试的主过程，即子服务的改动或增加不会影响主服务。通过将子服务的信息设计成一种可扩展的配置文件，由主服务在启动时加载和解析，自动配置其与子服务的关联，可充分保证子服务的独立性和可扩展性。配置文件结构如图 2-15 所示，其中虚线框表示可选项，实线框表示必选项。

图 2-15　主服务配置文件结构

子服务的名称和地址存放在 "name" 和 "URL" 字段。

如需增加子服务，则增加 "SubService" 节点并填充相应的 "name" 和 "URL" 字段即可，无需修改主服务；如需屏蔽某些子服务，则去掉相应 "SubService" 节点。

通过统一接口，可使各个服务间保证松耦合性，即无需知道对方的功能如何实现，只需遵从该接口与对方交互；当需要扩展子服务时，仅需使用该统一接口进行开发，并修改主服务配置文件即可，保证了功能的可扩展性。

5.　一致性测试服务的部署与应用模式

测试服务的部署与应用模式有以下两种。

（1）在线测试模式。在线测试模式指将一致性测试主服务与所有子服务均部署于 IEC 61968 信息交换总线/企业服务总线上，当实际业务系统通过总线向其他系统发送消息时，由总线适配器实时调用一致性测试主服务转发该消息，并将收到的测试结果返回给消息发送方或推送到监控平台上，便于及时修正。为应对在线测试可能面临的实时海量数据，可将主服务与各子服务分散在不同服务器上，以减轻测试压力，充分体现主服务并行调用子服务的效率优势。

（2）离线测试模式。离线测试模式指将一致性测试的主服务与所有子服务均部署在本地或局域网内的 Web 服务器上，供系统开发人员进行离线自测试，修正系统错误，待全部通过后该系统才可接入 IEC 61968 信息交换总线/企业服务总线与其他系统进行信息交互。

22

2.2.5 可靠性测试

系统可靠性试验主要是通过各种模拟操作来检验系统冗余的可靠性和鲁棒性。包括：双机切换、双网切换、主备数据库切换等容错测试，要求切换平稳，系统工作正常。

1. 指标要求

要求切换平稳、系统和网络工作正常。主计算机双机切换到系统功能恢复正常的时间：热备用不大于 20s；冷备用不大于 5min。

2. 测试要求

（1）双通道切换测试。用户为确保主分站之间能够不间断通信，提高整个系统的可靠性，经常设置双通道，即配电自动化系统主站的数据采集模块和站端设备之间至少有两个通道选择。当主通道中断或是其误码率较高时，系统将把另一个通道切换为主通道。两通道都正常的情况下，系统可以人为设定主通道。系统参数设定一个通信质量较好的通道为主通道，正常时在主通道运行，当因为某个原因切换到备用通道后，经过一个设定的时间后会再次查询主通道，当主通道恢复后，将切换回去。

按接线原则连接好配电自动化系统主站与站端设备之间的网络设备和通信终端设备及其设备间的联线。在配电自动化系统主站端设置好各种参数，并使主站平台、通信处理部分软件、通信监视界面等软件正常运行。确保双通道 A、B 均可正常通信。双通道切换测试内容有主动切换测试、中断切换测试、误码切换测试、主通道恢复测试。双通道切换测试过程为：切换某终端的通道，观察对应终端的通道是否在规定时间内完成切换，用数字式毫秒计记录切换时间。

（2）双网切换测试。双网切换测试指切断其中一条网络，观察另一网络否在规定时间内完成切换，用数字式毫秒计记录切换时间。

（3）双机备用测试。与双通道的出发点一样，在关键任务处设置备份系统确保系统保持高可靠性，在两个节点或多于两个节点上设置数据采集模块，当主采集节点遇到故障时，备份节点根据设置的优先级，优先级高的升为采集主节点。

双机备用测试指设置两台以上采集节点，按要求配置必需的采集模块，连接好各个设备，启动系统。进行主动切换测试、自动切换测试，检查系统切换时是否正常。观察另一节点否在规定时间内完成切换，用数字式毫秒计记录切换时间。

（4）数据库服务器备用一致性测试。分别创建两个数据库服务器，创建数据库服务的客户端，并正确配置指向数据库服务器节点，停止其中一个数据库服务器节点，分别运行 DbTest，测试表创建，记录增加，记录按各种条件删除、修改、读取等操作，再启动这个数据库服务器节点，通过数据库提供的工具验证各机上 DbTest 操作结果的正确性，以及数据库服务器中数据库内容的一致性。

2.2.6 安全保密测试

1. 安全性测试

根据中华人民共和国国家发展和改革委员会第 14 号令《电力监控系统安全防护规定》，要求对电网和电厂计算机监控系统及调度数据网络的攻击侵害及由此引起的电力系统事故进行防范，配电自动化系统是其中的一部分，系统的设计应该能够抵御病毒、黑客等通过各种形式对系统的发起的恶意破坏和攻击以保障配电自动化系统的安全、稳定运行。

2. 配电网二次系统的逻辑边界

在中低压配电网中，部分馈线分段开关处安装的 FTU，部分杆上和箱式配电变压器处安装的 TTU，不具光纤通信条件的小容量 DG（Distributed Generation）和储能装置处安装的 RTU（Remote Terminal Unit）以及用户电表处的 DTU 等远程终端设备，通过公共无线通信网络（包括 GPRS、TD–SCDMA 等方式）与配电自动化系统主站相应安全区或配电子站进行数据信息通信。图 2–16 给出了配电网二次系统中公共通信网络的典型结构与逻辑边界，其中虚线表示基于无线公网通信方式，实线表示基于有线通信方式。

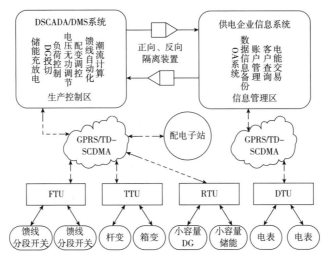

图 2–16 配电网二次系统公共通信网逻辑边界

DSCADA—Distribution SCADA；DMS—Distribution Management System

配电网二次系统信息安全防护的重点在于：一方面需要防止关键数据信息被破解篡改，避免影响对用户供电的可靠性；另一方面需要防止恶意攻击利用身份欺骗从各类终端设备入侵配电自动化系统主站，避免引起更为严重和更大范围的安全事故。由可信计算涵义可知，配电自动化系统的可信主要包括配电自动化系统主站层计算机系统环境及其应用软件的可信与配电网远程终端设备的可信两个方面。

系统的安全性要求除了防入侵和防病毒的任务之外，要有明确的系统权限管理以避免错误操作的发生。系统运行在受到自然或人为的原因遭破坏后，还应当制订相应问题处理的应急方案，按照既定的方案实施系统恢复维护。

（1）对于防入侵的物理隔离设备或其他防火墙等网络安全设备和软件，应经由公安机关或其他电力系统的安全认证单位认可并获得相应的证明文件。

指标要求生产控制区和信息管理区数据同步。信息跨越正向物理隔离时的数据传输时延小于 3s；信息跨越反向物理隔离时的数据传输时延小于 20s。

（2）防病毒测试要求选用国内外流行的防病毒软件并进行最新的更新操作，对配电自动化系统主站的全部计算机和网络系统进行病毒检查和测试。

（3）系统权限管理测试指针对用户实体、操作人员设置数据库信息的访问权限，应用系统功能的选择权限进行设置并观察执行的效果，同时对各种应用、各类用户实体的集中式的系统权限管理进行设置并观察执行的效果。

（4）灾难恢复维护测试指模拟系统出现突发性事件造成系统崩溃，立即对操作系统、系统数据库、系统网络管理、服务器、应用软件等方面采取完全恢复、部分恢复、启用备份系统恢复等措施，观察系统恢复的时间和恢复效果。

2.3　本章小结

（1）V测试模型反映了测试活动与分析和设计的关系，不仅可以应用到软件开发商的内部质量控制，同时也可以提供给软件使用者实现外部质量控制，因此非常适合配电自动化系统这样的大型软件系统的质量保证过程。针对配电自动化系统主站软件开发过程的需求分析、系统设计和具体编程的不同阶段，测试的内容包括：单元测试、集成测试、系统测试和验收测试。

（2）配电自动化系统主站的验收测试使用黑盒测试方法，具体测试的内容包括：功能测试、性能测试、压力测试、一致性测试、可靠性测试、安全保密测试等，对于保障配电自动化系统主站的可靠性具有重要意义。

第3章　配电自动化系统终端测试技术

3.1　配电自动化系统终端测试需求

配电终端中一般安装在户外或简易的遮蔽场所中，运行环境恶劣，而且终端分布点多面广，因此，在温度适应性、防磁、防震、防潮、防雷、电磁兼容性等方面有更高的要求，在产品选件、定型、生产加工和出厂等过程中，需要高性能的器件、先进的生产加工设备和加工工艺，另外，随着公共通信网在配电自动化中的应用，对于配电终端网络安全的测试需求也越来越迫切。

配电终端产品的测试内容主要包括：功能验证、型式试验和例行试验。

（1）功能验证。该验证是根据配电终端产品的设计要求对需要完成的功能进行验证，包括验证单个产品模块或组成系统的性能是否满足要求，验证在不同参数下的产品功能，以及与不同参数其他产品的兼容性。

（2）型式试验。该试验是在电磁兼容、环境气候以及机械强度等各种试验条件下进行，用以验证产品功能的正确度。

（3）例行试验。该试验是对配电终端产品在出厂前进行功能性试验、绝缘测试以及老化试验，来验证产品的出厂质量。

3.2　配电自动化系统终端型式试验与例行试验

3.2.1　配电自动化系统终端型式试验

配电终端的型式实验测试终端装置的硬件和软件设计是否满足各种强电磁环境下的工作要求，是取得电力系统入网许可证的必要条件。

3.2.1.1　型式试验基础

1. 测试设备及软件

配电终端型式试验测试设备包括：计算机、通信终端各一台；交流信号源、直流信号源模拟量发生器、状态量输入模拟器各一台；遥控执行指示器一套；数字万用表一台；三相标准功率表、标准功率因数表各一块；三相交流测试电源一台。

用测试软件模拟配电自动化系统主站对终端设备进行测试，测试软件包含规约通信软件以及基本终端性能监控功能软件。

2. 测试过程

计算机通过通信终端与配电终端相连，并通过需要测试的通信规约进行通信，在配电终端设备的交流模拟量输入口加上交流信号源，在直流模拟量输入口加上直流信号源，在状态量输入口加上状态量输入模拟器，在遥控量输出口加上遥控量执行指示器来显示执行结果。在交流模拟量输入口和直流模拟量输入口还分别接上数字万用表、三相标准功率表和标准功率因数表以便对输入信号与配电终端采集的信号进行对比检测。

为了测试其他性能还需要绝缘耐压装置、机械震动装置、各种高频干扰发生装置，包括：电磁波室、交流磁场线圈、兆欧表、低温箱、高温箱、工频耐压测试仪、静电放电装置、脉冲群试验仪、冲击试验发生器、交变湿热箱、浪涌信号发生器、三相精密测试电源和电能表现场校验仪。

3. 测试平台

图 3-1 展示了一个典型的配电终端的测试平台。

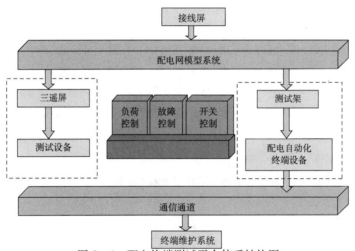

图 3-1　配电终端测试平台体系结构图

典型的配电终端测试平台应该具备：接线屏、配电网模型系统、测试架、三遥屏、测试设备、通信通道以及终端维护系统等配置。

配电网模型系统主要包括线路模型、开关模型、开闭所模型、主变模型、配电变压器模型、中性点接地支路模型、故障开关柜、负荷室（集中放置各种负荷）、调压器、电压互感器和电流互感器等。接线屏可以组合各种一次网络结构，并对应三遥接口屏的接口；三遥屏对应遥测遥信和遥控的端子排接线；测试架放置待测试的配电终端；通信通道构造各种通信方式下的终端通信；终端维护系统实现对终端的维护和各种信息交互与配置。

3.2.1.2　型式试验内容

以下具体阐述各种测试的方法，各种测试的技术指标和遵循的技术标准详见文献［1］。

配电终端型式试验的内容包括：结构及机械性能测试、环境影响测试、功能测试、基本性能测试、安全性能测试及电磁兼容测试。

1. 结构及机械性能测试

结构及机械性能测试是为了验证配电终端的防尘、防潮、防锈、防腐蚀能力以及受到运输振动或其他振动之后不影响其正常工作的能力。

根据 DL/T 721—2013《配电网自动化系统远方终端》中 4.3 部结构要求，安装在户外无遮蔽的装置其结构设计应紧凑、小巧，外壳密封，能防尘、防雨，防护等级不得低于 GB/T 4208—2008《防水试验设备》规定的 IP55 的要求。安装在户内的装置，防护等级不得低于 GB/T 4208—2008 规定的 IP20 的要求。振动试验的方法为在正常试验大气条件下，对设备施加如下振动：

（1）频率 f 为 2~9Hz 时振幅为 0.3mm。

（2）频率 f 为 9~500Hz 时加速度为 1m/s^2。

振动之后，设备不应发生损坏和零部件受振动脱落现象，各项性能均应符合基本性能要求。

2. 环境影响测试

（1）相关标准。环境影响测试需参照如下标准：环境影响测试是为了验证配电终端的在不同的温度和湿度条件下正常工作的能力。

1）按 GB/T 15153.2—2000《远动设备及系统 第 2 部分：工作条件 第 2 节：环境条件（气候的，机械和其他非电影响因素）》中的有关规定执行。工作场所无爆炸危险，无腐蚀性气体及导电尘埃，无严重霉菌存在，无剧烈振动冲击源。接地电阻应小于 4Ω。

2）按 GB/T 13729—2002《远动终端设备》中 4.3、4.4 和 4.5 规定的试验方法进行测试。按照表 3-1 所示的温度等级，并按 4.3 和 4.4 规定的试验方法进行交流工频电量、状态输入量、摇控、直流输入模拟量和 SOE 站分辨率的测试。

表 3-1　　　　　　　　　　　工作场所环境温度和湿度分级

级别	温度		湿度	
	范围/℃	最大变化率/（℃/min）	相对湿度/（%）	最大绝对湿度/（g/m^3）
C1（3K5）	−5~+45	0.5	5~95	29
C2（3K6）	−25~+55	0.5	10~100	29
C3（3K7）	−40~+70	1.0	10~100	35
CX	特定			

注　CX 级别根据需要由用户和厂家协商确定。

（2）交流工频电量的误差改变量应不大于准确等级指数的 100%，其他各项指标满足 GB/T 13729—2002 中的 4.5 的要求。

3. 功能测试

功能测试是对配电终端的基本功能进行验证测试，根据图 3-1 构建一个测试系统分别对配电终端进行以下 10 种基本功能测试。

（1）信息采集和处理功能。在状态量输入模拟器上拨动任何一路试验开关，在终端显示屏或维护笔记本上观察对应遥信位的变化是否与拨动的开关状态一致，重复上述试验 10 次以上。采集开关正常电流和故障电流，进行电流量的测量和越限监测。采集交流输入电压，监视开关两侧馈线的供电状况。

（2）遥控功能。在维护笔记本上进行遥控操作，遥控执行指示器应有正确指示，采用自动工装的试验重复 100 次以上，人工试验重复 2 次。之后模拟开关动作和遥控返校失败，检查遥控执行的正确性。

（3）设置功能。在维护笔记本上进行各种参数的设置操作，包括：保护动作时限、保护闭锁、故障电流定值、当地及远方动作闭锁，各种线路拓扑参数的设置等。

（4）保护功能。配电终端应具有的保护功能可作为可选功能来测试，通过继电保护测试仪测试配电终端的过流及速断保护功能。

（5）闭锁功能。配电终端具有继电保护及功率方向等闭锁功能，维护笔记本上进行闭锁参数的设置后，测试闭锁的效果。

（6）时间记录及上报功能。将脉冲信号模拟器的两路输出信号接至配电终端的任意两路遥信输入端（具有 SOE 功能），对两路脉冲信号设置一定的时间延迟，该值不大于 10ms（可调）。启动脉冲模拟器工作，这时在显示屏上显示出遥信名称、状态及动作时间，其中开关动作的正确性和时间应符合 SOE 站内分辨率的要求。重复上述试验 5 次以上。

（7）电源失电保护。配电终端应有后备电源，DL/T 721—2013 中规定后备电源为蓄电池的可维持 8h，为超级电容的可维持 15min。将配电终端主电源断开，验证主电源失电后 8h 配电终端是否能正常工作。

（8）通信功能。被测配电终端与模拟配电自动化系统主站连接好通电后，在配电自动化系统主站屏幕上校对遥测数据及遥信状态等。

（9）故障区段自动隔离和故障后网络重组功能。控制开关的终端检测到故障信息立即上报，控制开关的终端根据命令或自身设定程序完成故障区段自动隔离和故障后网络重组功能。

（10）自诊断、自恢复功能。监控终端应有自测试、自诊断功能，发现终端的内存、时钟、I/O 等工作异常应记录。应有上电软件自恢复功能。

4. 基本性能测试

基本性能测试是测试配电终端的各种技术指标，在其他各种电磁兼容测试及环境测试中都要被反复地进行。基本性能测试内容如下：

（1）基本误差极限。利用图 3－1 所示的配电终端测试方法对测量误差范围进行测试，在常温下要求：电压、电流在 0.5% 以内；有功功率、无功功率在 2% 以内。

（2）影响量产生的测量偏差。改变被测量频率及谐波变化量，测量频率及谐波，要求：频率允许偏差小于 0.5%；谐波允许偏差不大于 2%。

（3）电源、电压影响。改变被试配电终端的电源电压在额定电压的-20%~20% 范围波动，测试交流工频电量的输出值，测试状态输入量、遥控、直流输入模拟量和 SOE 站内分辨率；要求电压、电流误差不大于 1%，功率误差不大于 2%。状态输入量、遥控、直流输入模拟量和 SOE 站内分辨率正常。

（4）过量输入。对于交流工频电量，在以下过量输入情况下应能满足其等级指数的要求。

1）连续过量输入：对被测电流、电压施加标称值的 120%；施加时间为 24h，所有影响量都应保持其参比条件。在连续通电 24h 后，交流工频电量测量的基本误差应满足其等级指数要求。

2）短期过量输入：在参比条件下，按表 3－2 的规定进行试验。

表 3-2		短 时 过 量 输 入			
被测量	与电流相乘的系（倍）数	与电压相乘的系（倍）数	施加次数	施加时间	相邻施加间隔时间
电流	标称值×20	—	5	1s	300s
电压	—	标称值×2	10	1s	10s

在短时过量输入后，交流工频电量测量的基本误差应满足其等级指数要求。

（5）功耗。对于装置电源取自电压互感器的配电终端（FTU），要用伏安法测试其整机的功耗，交流工频电量每一电流输入回路的功率消耗应不大于 0.75VA，每一电压输入回路的功率消耗应不大于 0.5VA。

（6）连续通电稳定性试验。在常温下，电源电压为额定值，连续通电 72h，而且在 72h 期间每 8h 抽测一次，检查遥测的准确度、SOE 站内分辨率、脉冲输入计数的正确性。

5. 安全性能试验

（1）绝缘电阻。利用兆欧表测定配电终端的绝缘电阻，要求：

1）在额定电压不大于 60V 时，正常条件下为不小于 5MΩ，湿热条件下为不小于 1MΩ（250V 兆欧表）。

2）在额定电压大于 60V 时，正常条件下为不小于 5MΩ，湿热条件下为不小于 1.0MΩ（500V 兆欧表）。

（2）工频耐压。按 DL/T 721—2013 中的 5.3.3 的规定进行，即用工频耐压测试仪进行绝缘强度试验，试验电压从 0 开始，在 5s 内逐渐升到规定值并保持 1min，随后迅速安全放电，其测试结果应满足 4.6.2 中规定的绝缘强度要求。

配电终端电源、输入、输出回路应能承受额定频率为 50Hz、2kV 持续时间 1min 的试验，其基本功能及性能应符合要求。

6. 电磁兼容测试

电磁兼容测试是测试配电终端在不损失有用信号所包含的信息条件下，信号与干扰共存的能力，也就是测试配电终端在各种电磁干扰情况下正常工作的能力。

为了更有效地通过电磁兼容试验，在硬件软件设计时要采取主动型预防措施，对于传导干扰的抑制通常使用滤波器、非线性器件及光电耦合器件，对于辐射干扰的抑制通常通过封堵电磁波可通过的缝隙、孔洞，减弱长导线的天线效应来进行。印制板布线要注意布线的间距与边距，要注意电源回路和信号输入回路的信号调理设计，在软件设计时要注意各种防跑飞措施等，同时还要注意到机械性能的加强以及防潮措施。

电磁兼容试验的具体内容如下：

（1）电压突降和短时中断试验。电压跌落和短时中断试验是测试配电终端在电源电压波动的情况下正常工作的能力。被试配电终端的电源电压为突降 ΔV 为 100%，电压中断 0.5s 并重复试验 3 次（每次间隔时间为 10s），终端设备应能正常工作。测试交流工频电量的输出值并测试状态输入量、遥控、直流输入模拟量和 SOE 站内分辨率，计算电源电压突降和电压中断干扰引起的交流工频电量的改变量，应不大于准确等级指数的 200%，其他各项指标满足基本性能测试（1）～（6）的要求，同时要求不发生误动作或损坏。

（2）静电放电抗扰性试验。静电放电抗扰性试验测试配电终端抗静电的能力。

1）等级规定。静电放电试验2级（接触放电试验值4kV）应用于安装在具有防静电设施的专用房间内控制中心或被控站的设备和系统，3级（接触放电试验值6kV）应用于安装在具有湿度控制系统的专用房间内的控制中心或被控站及配电终端的设备和系统，4级（接触放电试验值8kV）应用于安装在不加控制环境中的控制站和配电终端的设备。

2）试验内容。按静电放电试验的主要参数规定，操作人员在通常可接触到的被测试配电终端装置的点上和表面上加相应等级的接触放电试验值进行静电放电试验。在施加静电放电干扰的情况下，测试交流工频电量引起的交流工频电量的改变量，并测试状态输入量、遥控、直流输入模拟量和SOE站内分辨率满足5个基本性能测试的要求，同时不发生误动作或损坏。

（3）辐射电磁场抗扰性试验。辐射电磁场抗扰性试验测试配电终端对空间电磁场的敏感程度。辐射电磁场产生的主要危害是对弱信号电路和放大电路，对模拟电路影响大而对数字电路影响不大。

1）等级规定。按DL/T 721—2013中表18，按GB/T 15153.1中表15规定，3级的试验场强为10V/m，4级的试验场强为30V/m。

2）试验内容。在施加相应等级的辐射电磁场场强，频率为80~1000MHz的情况下进行试验，测试配电终端交流工频电量的输出值，并测试状态输入量、遥控、直流输入模拟量和SOE站内分辨率。在施加高频干扰的情况下，测试交流工频电量引起的交流工频电量的改变量，并测试状态输入量、遥控、直流输入模拟量和SOE站内分辨率满足5个基本性能测试的要求，同时不发生误动作或损坏。

（4）电快速瞬变脉冲群抗扰性试验。电快速瞬变脉冲群抗扰性试验主要用于检验配电终端抗高频脉冲和各种开关引起的脉冲的能力。快速瞬变脉冲群产生的主要危害不止对模拟信号而且对数字信号都会产生很大的影响，往往会造成控制系统死机、复位、数据错误等。

1）等级规定。快速瞬变脉冲试验的等级规定，按DL/T 721—2013中表14规定，3级共模试验值，信号输入、输出、控制回路为1.0kVP，电源回路为2.0kVP；4级共模试验值，信号输入、输出、控制回路为2.0kVP，电源回路为4.0kVP。各个等级中，差模试验电压值为共模试验值的1/2。

2）试验内容。按对快速瞬变脉冲群干扰试验参数的规定，对配电终端的信号回路和电源回路施加快速瞬变脉冲群干扰脉冲群耦合到电压互感器、电流互感器输入和设备的输入电源线和保护地上，脉冲施加时间为60s，测试快速瞬变脉冲群干扰引起的交流工频电量的改变量，并测试状态输入量、遥控、直流输入模拟量和SOE站内分辨率；各项指标满足5个基本性能测试的要求，并不发生误动作或损坏。

（5）工频磁场影响试验。工频磁场影响试验主要用于检验配电终端抗工频磁场和阻尼振荡磁场能力。

1）等级规定。工频磁场和阻尼振荡磁场试验等级按DL/T 721—2013中表16规定如下：

a. 工频磁场3级：电压/电流波形为连续正弦波的试验值30A/m；工频磁场4级：电压/电流波形为连续正弦波的试验值100A/m。

b. 阻尼振荡磁场3级：电压/电流波形为衰减振荡波的试验值30A/m；阻尼振荡磁场4级：电压/电流波形为衰减振荡波的试验值100A/m。

2）试验内容。在施加相应等级的工频磁场和阻尼振荡磁场情况下进行试验，测试配电终端交流工频电量的输出值，并测试状态输入量、遥控、直流输入模拟量和SOE站内分辨率；测试交流工频电量引起的交流工频电量的改变量，并测试状态输入量、遥控、直流输入模拟量和SOE站内分辨率满足5个基本性能测试的要求，同时不发生误动作或损坏。

（6）浪涌抗扰性试验。浪涌抗扰性试验是验证配电终端抗雷击和抗外界设备引起的浪涌的能力。浪涌产生的主要危害是破坏，它是电磁干扰中能量最大的一种脉冲，它的危害首先是烧毁元器件，破坏绝缘，其次才是影响各种电路工作。

1）等级规定。浪涌试验的等级按DL/T 721—2013中表14规定，3级工模试验值，信号、控制回路为1.0kVP，电源回路为2.0kVP；4级共模试验值，信号、控制回路为2.0kVP，电源回路为4.0kVP。各个等级中，差模试验电压值为共模试验值的1/2。

2）试验内容。在施加相应等级的浪涌情况下进行试验，测试配电终端交流工频电量的输出值，并测试状态输入量、遥控、直流输入模拟量和SOE站内分辨率。测试交流工频电量引起的交流工频电量的改变量，并测试状态输入量、遥控、直流输入模拟量和SOE站内分辨率满足5个基本性能测试的要求，同时不发生误动作或损坏。

3.2.2 配电自动化系统终端例行试验

终端现场例行试验是指现场完成接线后，在投运前或者投运后进行的现场实际运行工况下的现场试验，主要任务是进行配电终端的"三遥"（遥测、遥信、遥控）正确性试验。

遥测例行测试如表3-3所示，遥信例行测试如表3-4所示，遥控例行测试如表3-5所示。

表3-3　　　　　　　　　　　　　　遥测例行测试表格

遥测测试			
测试方法：在选定终端用继电保护测试仪施加电流，测试终端的遥测误差和系统响应时间			
测试结果			
测点名称		终端制造厂家		TA变比	
测试项目		测试结果	
1	遥测精度 （终端二次注入）	设定值/A	遥测值/A
		1.0	
		0.5	
		0.1	
		结论	
2	响应时间 （从加入电流到主站界面显示值刷新）	测试场景	响应时间/s
		0.0A→1.0A	
		1.0A→0.0A	
		0.0A→0.5A	
		0.5A→0.0A	
		0.0A→0.1A	
		0.1A→0.0A	
		结论	
说明　通信方式：（如光纤通道） 通信通道描述：（如EPON经子站到主站，组内轮询5个终端） 测试项目：根据TA变比变化，如为60015，则分别测试1A、3A、5A三项			

表 3－4　　　　　　　　　　　　　　**遥信例行测试表格**

遥信测试			
测试方法：结合遥控传动或在选定终端端子做短接试验，测试终端的遥信正确率和系统响应时间			
测试结果			
测点名称		终端制造厂家	
测试项目		测试结果	
1	遥信采集	测试场景	结果
		分→合	
		合→分	
		分→合	
		结论	
2	系统响应时间/s	测试场景	结果
		分→合	
		合→分	
		分→合	
		结论	
说明　通信方式：（例如光纤通道）			
通信通道描述：（如 EPON 经子站到主站，组内轮询 5 个终端）			

表 3－5　　　　　　　　　　　　　　**遥控例行测试表格**

遥控测试			
测试方法：通过遥控传动控制选定备用开关或联络开关测试遥控正确率和传输时间			
测试结果			
测点名称		终端制造厂家	
测试项目		测试结果	
1	遥控执行情况	测试场景	结果
		分→合	
		合→分	
		分→合	
		结论	
2	遥控执行时间/s	测试场景	结果
		分→合	
		合→分	
		分→合	
		结论	合格
说明　通信方式：（如光纤通道）			
通信通道描述：（如 EPON 经子站到主站，组内轮询 8 个终端）			

3.3 配电自动化系统终端信息安全测试

3.3.1 配电终端的认证加密解密

3.3.1.1 依据

信息安全的目标是使信息系统在整个生命周期所经历的时空状态集内都有安全保障，在配电自动化信息交互过程中，其信息安全需求包括信息的可用性（Availability，防止失去对资源和数据的访问能力）、完整性（Integrity，防止对数据进行未经授权的修改）、机密性（Confidentiality，防止数据未经授权而泄露出去）、不可抵赖性（Non‐repudiation，确保发送信息发送者就是信息创建者）。为了保证电力系统信息安全，国际电工委员会制定了 IEC 62351《电力系统运行的数据和通信安全标准》确保信息的可用性、完整性、机密性和不可抵赖性。其中：IEC 62351‐3 对 TCP/IP 的使用信息安全技术的整体描述，该标准适应于 IEC 60870‐6 TASE2；IEC 61850 基于 TCP/IP 传输协议的抽象通信服务接口（Abstract Communication Service Interface，ACSI）和 IEC 60870‐5‐104；这部分选用了被广泛用于数据认证、保密性、完整性的传输层安全（Transport Layer Security，TLS）技术，描述了 TLS 的参数和设定等，尤其通过 TLS 的加密技术防止窃听、防止重放攻击，通过信息认证防范中间过程的危险，通过安全证书技术防止欺骗，但是 TLS 无法防止拒绝服务，需要专门的安全技术措施。

目前，IEC 62351 系列标准并没有在我国正式启用，但是其信息安全防范的技术路线已经在我国的配电自动化实际工作中加以借鉴，我国配电自动化通信安全防护方案采用虚拟专网逻辑隔离、访问控制、认证加密等安全措施，要求确保配电自动化系统主站和配电终端不受黑客入侵，为了保障配电网安全稳定运行，国网公司发布了《中低压配电网自动化系统安全防护补充规定》（国家电网调〔2011〕168 号）。文中明确指出，对采用公用通信方式的中低压配电网自动化系统，进行基于非对称加密的数字证书单向身份鉴别技术等纵向边界安全防护，对配电自动化系统主站对终端的遥控报文进行加密，终端对报文解密后判断正确才能执行遥控操作。随着安全防护要求的不断提升，未来配电终端的认证加密技术应用也将不断强化，对配电终端信息安全测试也将会成为一种常态要求。

为了保持与 IEC 60870‐5‐101 等标准协议的兼容性，可在标准协议的报文之后增加单向认证报文，组成复合命令报文，如图 3‐2 所示。

图 3‐2 带认证信息的 IEC 规约报文构成

如图 3‐2 所示，复合命令报文有两部分组成：原始遥控报文和单向认证报文。单向认证报文主要包括 3 个部分：起始标识和长度、时间戳、数字签名。

3.3.1.2 加密解密过程

密钥体系可分为对称密钥加密体系和非对称密钥加密体系[2]。对称密钥加密体系的加密密钥和解密密钥相同，而非对称密钥加密体系中的加密密钥和解密密钥不同。在非对称密钥体系中，加密密钥和解密密钥成对出现，一个是公钥，另一个是私钥。私钥由密钥持有者私密保存，不对外公布，仅持有者拥有，而公钥由密钥持有者公开发布[3]。若使用公钥对数据进行加密，则必须使用与公钥所对应的私钥对数据进行解密；若使用私钥对数据进行加密，则必须使用与私钥所对应的公钥对数据进行解密[4]。

为满足电子认证服务系统等应用需求，国家密码管理局于2010年12月17日分别发布了关于SM2椭圆曲线公钥密码算法和SM3密码杂凑算法的第21号[15]和第22号公告[16]。

1. 加密解密的建立

配电终端的认证加密解密过程如图3－3所示，配电自动化系统主站发给配电终端的信息：首先用对应的配电终端的公钥对信息进行加密，再用配电自动化系统主站的私钥对加密的信息进行签名后通过通信信道发送到配电终端；配电终端接收到加密信息后首先用配电自动化系统主站的公钥对其进行解密签名，再用配电终端的私钥解密接收到的主站加密信息，这样就获得主站发给终端的原始信息。

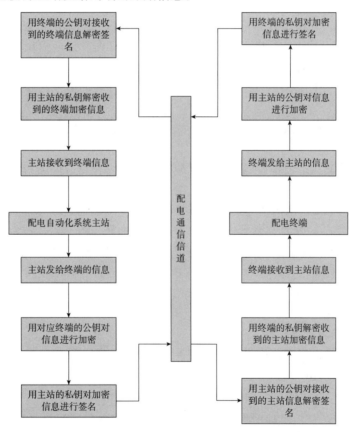

图3－3 配电终端的认证加密解密过程

配电终端发给配电自动化系统主站的信息：首先用配电自动化系统主站的公钥对将要发给主站的信息进行加密，再用配电终端的私钥对加密的信息进行签名后通过通信信道发送到配电自动化系统主站；配电自动化系统主站接收到加密信息后首先用配电终端的公钥对其进行解密签名，再用配电自动化系统主站的私钥解密接收到的配电终端加密信息，这样就获得终端发给主站的原始信息。

2. 安全性测试

为了确保配电终端的认证加密技术的顺利实施，搭建如图3-4所示的配电终端测试平台，利用信息安全攻防与评测技术模拟环境对配电终端设备进行加密解密的系统安全性测试。

认证加密测试软件　　　　　　　　　　认证加密配电终端
（主站端）

图3-4　配电终端的认证加密解密测试过程

配电自动化系统主站端的认证加密测试软件，主要用来模拟配电自动化系统主站和被测试配电终端进行通信，实现同被测试端进行数据和命令的交互、印证，以此来验证被测配电终端的认证加密解密测试的正确性。

安全性测试项目包括：

（1）证书测试。发送正确加密报文，配电自动化系统主站和配电终端分别用公钥对信息进行加密，再用私钥对加密的信息进行签名过程进行加密发送与解密接收，测试双方对公钥与私钥认知与操作的正确性。

（2）报文内容测试。在证书测试的基础上，对配电终端的遥控与遥信操作的正确性进行测试。

（3）报文的时间戳测试。对报文的时间戳进行测试，验证发送报文的时间戳超出时效性的检查。

（4）报文差错测试。模拟发送报文中部分字节错误或者发送未加密的遥控报文时，配电终端的处理情况。

（5）密码重置测试。测试公钥和私钥变更时，配电终端的处理和适应情况。

（6）认证加密、解密的效率测试。测试采用认证加密、解密安全技术后配电终端的处理效率，主要体现在遥控执行的返校时间是否在标准规定的范围以内。

在配电终端的认证加密、解密测试过程中需要注意是否有公私钥传输错误、时间戳格式错误、遥控返校时间超时等问题，不断总结与改进，提高配电终端的处理能力与应用效率，保证在实际应用过程中的有效性。

3.3.2　终端的可信度计算模型

为定量分析配电网远程终端设备的可信性，需要在可信认证的安全机制基础上引入一种适用于不同类型终端的可信度通用评估计算方法，作为表征公共通信网络中配电终端安全水平的参考指标。

可信度（Credibility）是随时间动态变化的数值，能够量化反映实体或计算平台行为与状态的可信性程度。实体或系统的完整性与真实性是影响可信度的两个主要因素。在计算机网络安全领域，目前已有利用多种不同数学模型计算网络用户可信度以评价其信任程度的研究成果。

3.3.2.1　完整性可信度

设备自身状态的良好与完整是实现配电自动化功能的基础。由图3-5可知，配电远程终端设备的核心组件包括遥测量采集、遥信量采集、遥控模块与通信模块，各部分组件的完整性代表了终端的完整性可信度。

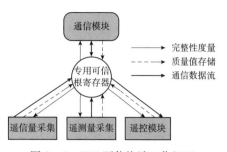

图 3-5 FTU 可信终端工作机理

对于配电终端设备 i，根据其内部专用可信根寄存器中存储的对各组件的完整性度量值，可以得到完整性度量值向量如下：

$$H_i = (p_1, p_2, p_3, p_4)^T \qquad (3-1)$$

式中：p_1、p_2、p_3、p_4 分别为可信根对遥测、遥信量采集、遥控模块与通信模块的完整性度量值，各分量的取值只能为 1 或 0，表示状态完整或不完整。

当终端设备 i 通过所在网段网关处的可信检测代理对其进行的身份合法性验证后，可信检测代理还需检测分析终端传输消息中包含的设备 IP 地址、设备所处地理位置、设备类型和设备 ID 等关键信息，可以得到设备完整性评估值如下：

$$\Phi_i = \frac{\sum_{\xi=1}^{4} \omega_\xi f[\xi]}{4} \qquad (3-2)$$

式中：$f[\xi]$ 为上述 4 项因素中第 ξ 项因素是否正常；ω_ξ 为其权值。对于固定的终端设备 i，其所在地理位置、设备类型与设备 ID 都是确定的。位于无线通信网络中的设备，其 IP 地址一般由 DHCP 协议动态分配，但都处于已划分好的固定子网区段内。因此，起初置上述 4 项因素中每项 $f[\xi]$ 值为 1，通过可信检测代理的检查，如发现第 ξ 项因素异常则令 $f[\xi]=0$。

当终端设备 i 上传的消息通过配电自动化系统主站层可信认证服务器的最终验证后，需要对数据消息进行内容分析。数据质量的高低直接影响主站对电网实际运行情况的分析与掌握，也能间接反映出设备终端相关组件的工作状态是否正常，可以提供终端设备的完整性可信度计算因素，如表 3-6 所示。

表 3-6　　　　　　　　　　终端设备消息数据质量情况

数据质量	描　　述
优	数据真实，信息齐全且消息格式规范
良	数据真实，格式规范但信息有缺失
中	消息格式与规范有所不同
差	数据不真实，信息缺失很多，消息格式严重不符规范

根据数据质量的描述，利用负指数函数的单调递减性描述不同消息数据的质量。公式如下：

$$\Psi_i(\sigma) = e^{1-\sigma^2} \qquad (\sigma \in R, \ \sigma \geqslant 1) \qquad (3-3)$$

式中：σ 为控制因子，如数据质量为优则将 σ 赋值为 1。

可以根据数据质量和对高级应用业务的实际影响程度，决定其余情况下 σ 因子的取值。极端情况下可以为 σ 赋足够大的数值以加强惩罚效果。

通过以上分析可知，设备完整性评估值主要反映了配电终端的网络通信模块的完整性程度；而数据质量函数则同时反映了遥测、遥信量采集模块与网络通信模块的完整性程度。

因此，当配电终端上传的遥测、遥信消息通过三级可信认证进入配电自动化系统主站的计算机系统完成一次单向认证和数据传输后，得到在 t 时刻终端设备 i 完整性可信度向量 C_i 的计算模型如下：

$$C_i(t, \omega, \sigma) = \begin{cases} \Psi_i(\sigma)\ p_1 \\ \Psi_i(\sigma)\ p_2 \\ p_3 \\ \min[\Phi_i,\ \Psi_i(\sigma)]p_4 \end{cases} \qquad (3-4)$$

完整性可信度向量的计算结果能够直观地反映出配电远程终端设备各组件的运行状态。以此为参考，当向量的某分量数值较低时可随时检查维修终端设备，使其具有可信、可靠的工作状态。

3.3.2.2 真实性可信度

配电网远程终端设备抵御各类攻击行为的能力体现了其真实性程度，在可信认证机制中主要通过单向认证的非对称的加密方法和时间戳的校验分析，来防止窃听破译和截获重放等攻击手段带来恶意篡改破坏和身份欺骗风险。因此，加密算法性能的优劣和时间戳校验机制的可靠性是影响配电网自动化系统终端真实性可信度的关键因素。

1. 椭圆曲线加密算法的可信度

椭圆曲线是由具有一般形式的韦尔斯特拉斯方程（Weierstrass）所确定的平面曲线如下：

$$y^2 + a_1 xy + a_3 y = x^3 + a_2 x^2 + a_4 x + a_6 \quad a_i \in F\ (i=1, 2, \cdots, 6) \qquad (3-5)$$

将曲线定义在有限域 F_p 上，并简化方程系数，得到式（3-6）所示的通常用于产生加密密钥的椭圆曲线方程如下：

$$y^2 = x^3 + ax + b \qquad (\bmod\ p)$$

$$\text{s. t.} \begin{cases} x, y \in [0, p-1] & (x, y \in N^+) \\ a, b \in [1, p-2] & (a, b \in N^+) \\ F_x(x, y) \neq 0, \quad F_y(x, y) \neq 0 \\ \Delta = 4a^3 + 27b^2 \neq 0 & (\bmod\ p) \end{cases} \qquad (3-6)$$

记该曲线为 $E_p(a, b)$，p 为一个较大的正素数。根据曲线上点的横坐标代入式（3-6）计算得到的值，先模 p 取其余数，再开平方根即为点的纵坐标。此外，p 还规定了椭圆曲线点的定义域和值域范围以及方程系数的取值范围。同时，要求该椭圆曲线必须满足非奇异（曲线上每一点都可偏微）、方程判别式不能被 p 整除的约束条件。以上方程和约束将原始椭圆曲线连续的点变得离散，构成椭圆曲线离散点集。

在配电自动化系统中，终端与主站间约定共用同一个满足式（3-6）约束的椭圆曲线。在曲线上选取阶为 n 的基点 G（要求 $n>2^{160}$ 且 $n>4\sqrt{p}$），终端的可信根随机生成一个小于 n 的整数 m 作为签名上传消息和解密下行指令时使用的终端私钥，令 $M=mG$ 的计算结果作为终端的公钥，供主站加密下行的遥控或参数设置消息时使用；主站的可信认证服务器随机生成一个小于 n 的整数 s 作为签名下行指令和解密上传消息时使用的主站私钥，令 $S=sG$ 的计算结果作为主站的公钥，供终端加密上传的遥测、遥信消息时使用。

根据近代的 Abel 加法群理论对椭圆曲线上点的加法运算所做的规定，若已知 m 和 G

或 s 和 G，通过做 $m-1$ 或 $s-1$ 次曲线的切线或割线的运算最终求取 M 或 S 相对容易，但若已知 M 和 G 或 S 和 G 求取私钥 m 或 s 则非常困难。这便是椭圆曲线离散对数问题难解的特性，其参数 p 越大，成功破译获得私钥所需的时间越长。

用二进制法表示椭圆加密算法的密钥，即大素数 p。根据 Pollard-p、Pohilg-Hellman 等破译算法的测试结果，当密钥长度为 192bit 时，破译算法需耗时 2^{35}h，大约为 200 万年，破译椭圆曲线产生的密钥的时间复杂度可以表示为 $o\,(e^{p/6})$。

在配电终端和配电自动化系统主站中，一般选取 160bit 长度的椭圆曲线素数 p，在获得足够高强度的保密性的同时，计算量较小，处理速度快，存储空间和传输带宽占用少，具有优越的性能。因此，终端设备上传的消息被篡改的几率很小，具有较高的真实性可信度。

2. 时间戳校验的可信度

为抵御重放攻击，自配电自动化系统主站下行的复合数据报文中带有时间戳标志位。考虑到通信网络传输过程中可能存在的延时，配电终端设备如果以接收到报文并通过主站身份验证后的时刻来判定复合报文是否过期，可能会增大误判率。因此，时间戳校验需要容忍一定程度的时间延迟。

复合数据报文完成签名，从配电自动化系统主站发出后到达对应终端所需时间的估计模型如下：

$$\Delta t = v^{-1} \sum_i s_i + \sum_j t_j \tag{3-7}$$

式中：v 为平均传输速率；s_i 和 t_j 分别为各段传输路径长度以及数据报文在各路由节点处排队等待的时间。重新投放的报文所带有的时间戳与终端设备处时钟的当前时间相比，必然满足如下条件：

$$(T_{now}-T_{stamp}) > \Delta t \tag{3-8}$$

利用正切函数的特性避免时延估计存在的误差，假设在特定终端设备接收报文正确执行主站指令后，如果下一次数据报文到达终端后，满足如下条件：

$$\frac{|\tan(T'_{now}-T'_{stamp})-\tan(T_{now}-T_{stamp})|}{(T'_{now}-T'_{stamp})-(T_{now}-T_{stamp})} > 1 \tag{3-9}$$

则判定该条复合数据报文已过期，予以丢弃。因此，考虑网络延时并设置了时间窗口的时间戳校验判据具有更高的可靠性和真实性可信度。

3.3.2.3 可信度评估分析

由于可信度是随时间动态变化的数值，统计一段时期内配电终端的可信度能够更彻底深入地掌握公共通信网络背景下设备的完整性和真实性。

对于终端设备 i，假定在 t 时刻后又经历了 N 次数据信息的交互。根据完整性可信度计算模型，可以形成关于终端设备 i 可信度的有限长度序列 L。对其中的 $N+1$ 个向量，对于任意给定的 $C_i \in L$，满足 $p_{ji} \in [0,1]$，其中 j 的取值为 1、2、3、4。以序列的二范数计算终端设备 i 的综合可信度，为增加可信度的准确度，选取较大的 N 值。则得到如下：

$$C = \|C_i\|_2^{\bullet} = \left[\sum_{j=1}^{N+1} |C_i(t_j)|^2\right]^{\frac{1}{2}} \tag{3-10}$$

---

❶ 表示向量的 2-范数。

当可信度向量 C_i 中的某分量为零或接近于零时，说明终端处于被恶意攻击破坏的不安全状态，完全不可信，应对设备的各组件模块进行彻底检查。

考虑到终端设备可能发生随机故障，在 $N+1$ 次数据传输过程中因发生设备故障而导致出现 k 个低完整性可信度值的概率服从泊松分布，即

$$P(X=k) = \frac{1}{k!}\lambda^k e^{-\lambda} \quad (k=0, 1, 2, \cdots, N+1) \quad (3-11)$$

又因为

$$P(X=k) = \frac{1}{k!}\lambda^k e^{-\lambda} \approx \frac{k}{N+1} \quad (3-12)$$

故 $\lambda \approx f(k, N)$，通过此隐式函数可以估算出决定设备故障概率的参数 λ 近似值。在确定设备状态良好时，根据下一时期得到的可信度序列，利用相同原理可以求解出设备故障概率参数值 λ^*，并进行比较。若二者在数值上接近，且 $|\lambda-\lambda^*| \leqslant \varepsilon$，其中 ε 为设定的某一较小的正实数，则得到反映终端设备自身可靠率的参数。可以通过相应手段降低其故障率，使其具有较长的寿命周期。

假定每隔周期 T_C，配电自动化系统主站与终端设备的可信模块通过改变椭圆曲线参数生成新的曲线，从而得到新的公钥、私钥对。在 $N+1$ 次信息交互的过程中，记加密后的数据消息在时间段 T_C 内被破译的次数为 q，则椭圆曲线加密算法抵御破译攻击的真实性可信度为 $P_{ECC}=1-\frac{q}{N+1}$。在此过程中，假定重放攻击次数为 A，通过检测到的超时报文数量 r，则时间戳校验机制的真实性可信度为 $P_{ARP}=\frac{r}{A}$。

3.3.2.4 模拟验证

为验证本书提出的可信机制的可行性与合理性，使用 Matlab 软件分别模拟计算信息交互过程中破译密钥算法所需的时间与时间戳校验分析结果，评估配电终端防止信息泄露和抵御重放攻击的真实性可信度。

首先任意选取比特长度为 p 位的正整数。随机产生一个位于 1 和 $p-1$ 之间的整数 a，其次再确定满足式（3-6）各项约束的椭圆曲线方程系数 b，以及适合产生私钥的基点 G，便可生成具有不同破译强度的、以 p 为自身安全密钥的椭圆曲线。

模拟 100 次配电终端与主站之间数据消息交互的过程。设定主站与终端可信模块之间每隔一周更换椭圆曲线（即 $T_C=168h$），来获得不同的公私钥对。在此过程中使用了密钥长度从 128~256 位的 10 条不同的椭圆曲线，如表 3-7 所示，各曲线相关参数用 BCD8421 码以 16 进制的形式表示。

表 3-7　　　　　　　　　　　　不同密钥长度的椭圆曲线

编号	p	a	b	基点阶数 n
1	$2^{128}-2^{97}-1$	FFFFFFFD FFFFFFFF FFFFFFFF FFFFFFFC	E87579C1 1079F43D D824993C 2CEE5ED3	FFFFFFFE 00000000 75A30D1B 9038A115
2	$2^{128}-2^{97}-1$	D6031998 D1B3BBFE BF59CC9B BFF9AEE1	5EEEFCA3 80D02919 DC2C6558 BB6D8A5D	3FFFFFFF 7FFFFFFF BE002472 0613B5A3

编号	p	a	b	基点阶数 n
3	$2^{160}-2^{31}-1$	FFFFFFFF FFFFFFFF FFFFFFFF FFFFFFFF 7FFFFFFC	1C97BEFC 54BD7A8B 65ACF89F 81D4D4AD C565FA45	01 00000000 00000000 0001F4C8 F927AED3 CA752257
4	$2^{160}-2^{32}-2^{14}-2^{12}-2^{9}$ $-2^{8}-2^{7}-2^{3}-2^{2}-1$	FFFFFFFF FFFFFFFF FFFFFFFF FFFFFFFE FFFFAC70	B4E134D3 FB59EB8B AB572749 04664D5A F50388BA	01 00000000 00000000 0000351E E786A818 F3A1A16B
5	$2^{160}-2^{32}-2^{14}-2^{12}-2^{9}$ $-2^{8}-2^{7}-2^{3}-2^{2}-1$	0	7	01 00000000 00000000 0001B8FA 16DFAB9A CA16B6B3
6	$2^{192}-2^{32}-2^{12}-2^{8}$ $-2^{7}-2^{6}-2^{3}-1$	0	3	FFFFFFFF FFFFFFFF FFFFFFFE 26F2FC17 0F69466A 74DEFD8D
7	$2^{192}-2^{64}-1$	FFFFFFFF FFFFFFFF FFFFFFFF FFFFFFFE FFFFFFFF FFFFFFFC	64210519 E59C80E7 0FA7E9AB 72243049 FEB8DEEC C146B9B1	FFFFFFFF FFFFFFFF FFFFFFFF 99DEF836 146BC9B1 B4D22831
8	$2^{224}-2^{96}+1$	FFFFFFFF FFFFFFFF FFFFFFFF FFFFFFFE FFFFFFFF FFFFFFFF FFFFFFFE	B4050A85 0C04B3AB F5413256 5044B0B7 D7BFD8BA 270B3943 2355FFB4	FFFFFFFF FFFFFFFF FFFFFFFF FFFF16A2 E0B8F03E 13DD2945 5C5C2A3D
9	$2^{256}-2^{32}-2^{9}-2^{8}$ $-2^{7}-2^{6}-2^{4}-1$	0	7	FFFFFFFF FFFFFFFF FFFFFFFF FFFFFFFE BAAEDCE6 AF48A03B BFD25E8C D0364141
10	$2^{224}\,(2^{32}-1)$ $+2^{192}+2^{96}-1$	FFFFFFFF 00000001 00000000 00000000 00000000 FFFFFFFF FFFFFFFF FFFFFFFC	5AC635D8 AA3A93E7 B3EBBD55 769886BC 651D06B0 CC53B0F6 3BCE3C3E 27D2604B	FFFFFFFF 00000000 FFFFFFFF FFFFFFFF BCE6FAAD A7179E84 F3B9CAC2 FC632551

根据破译由椭圆曲线产生密钥的时间复杂度，分别计算在每一次消息交互中破译不同密钥所需时间，并取其与公钥、私钥对变更周期的自然对数值，连点绘图如图 3-6 所示。

由图 3-6 可知，虽然不同椭圆曲线的保密强度不同，但破译由不同椭圆曲线生成的密钥时间都在指数级，远远大于生成新曲线、更换新密钥的周期。根据加密算法的真实性可信度计算方法，在本次信息交互的模拟中，配电终端密码机制的真实性可信度如下：

$$P_{\text{ECC}} = 1 - \frac{q}{N+1} = 1 - \frac{0}{100} = 1 \qquad (3-13)$$

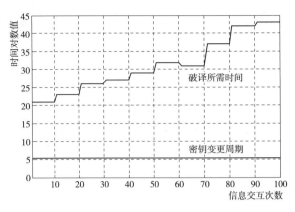

图 3-6 破译密钥所需时间

可信认证机制能够确保身份的正确认证与数据信息的保密性，考虑了设备状态完整性与技术方法真实性的可信度计算能够为量化评估公共通信网络中配电终端的安全性提供完备的依据，为配电自动化系统正常运行和保障供电安全提供了较高的可靠性。

3.4 本章小结

（1）配电终端的测试内容主要包括：功能验证、型式试验和例行试验。

（2）配电终端的型式实验测试终端装置的硬件和软件设计是否满足各种强电磁环境下的工作要求，是取得电力系统入网许可证的必要条件。型式试验的内容包括：结构及机械性能测试、环境影响测试、功能测试、基本性能测试、安全性能测试及电磁兼容测试。

（3）为了确保配电终端的认证加密技术的顺利实施，可以利用认证加密测试软件构建信息安全攻防与评测技术模拟环境对配电终端设备进行加密解密的系统安全性测试，该认证加密测试软件主要用来模拟配电自动化系统主站和被测试配电终端进行通信，实现同被测试端进行数据和命令的交互、印证，以此来验证被测配电终端的认证加密解密测试的正确性。

（4）安全性测试项目包括：证书测试、报文内容测试、报文的时间戳测试、报文差错测试、密码重置测试和认证加密解密的效率测试。

第 4 章　配电自动化系统故障处理性能测试技术

配电自动化系统的故障处理过程需要主站、子站、终端、通信系统和开关设备共同参与、协调配合[27-28]，因此必须采用系统的测试方法才能进行检测，而其中最为关键的技术是故障现象的模拟发生。

在 20 世纪末到 21 世纪初的配电自动化试点热潮中，由于缺乏测试手段，故障处理、压力测试等在验收时未作严格测试，或仅仅针对理想情况进行了论证，但是没有考虑信息误报、漏报以及开关拒动和通信障碍等异常现象，只能依靠长期运行等待故障发生才能检验故障处理。因此配电自动化系统对于经济运行的贡献则由于实际效果中综合了各种因素而难于评判，导致问题不能在早期充分暴露和解决，严重影响了实际运行水平甚至运行人员对配电自动化系统的信心，使得许多配电自动化系统逐渐废弃不用或闲置成为摆设，造成了巨大的浪费[29]。

在实验室可以采用模拟配电线路的低压试验台对配电自动化系统的故障处理性能进行测试；而对配电自动化系统的故障处理性能进行现场测试的典型方法有 4 种，即主站注入测试法、二次同步注入测试法、主站与二次协同注入测试法和 10kV 短路试验法。

本章主要论述配电自动化系统故障处理性能的实验室测试方法和前 3 种现场测试方法。

4.1　配电自动化系统故障处理性能的实验室测试方法

配电自动化系统故障处理性能的实验室测试可以采用模拟配电线路的低压模拟试验台进行。

4.1.1　低压模拟试验台的构成

低压模拟试验台采用 0.4kV 低压配电线路模拟 10kV 中压配电线路，采用接触器及分合闸控制电路模拟中压配电开关及其控制回路，采用适当阻值功率电阻模拟配电负荷，采用在各个馈线区段分别通过相应按钮控制接入一个低值大功率电阻连接相线与地线的方法模拟故障现象（压下按钮后立即松开，则该电阻投入后又立即断开，可用来模拟瞬时性故障；压下按钮后保持一段时间，则该电阻投入并保持一定时间，可用来模拟永久性故障）[30]。测试时在实验室将配电自动化系统主站、子站、终端和通信系统连接调试完毕，并将配电终端与接触器的控制回路、电流互感器和状态接点连接，就可测试配电自动化系统的故障处理性能。

一个典型低压模拟试验台的构成如图 4-1 所示，它模拟的中压配电网由 3 条馈线组成。馈线 I 包括：L_{10}、L_{11}、L_{12}、WL_{10}、WL_{11} 五个模拟开关；馈线 II 包括：L_{20}、L_{21}、L_{22} 三个模拟开关；馈线 III 包括：L_{30}、L_{31}、L_{32} 三个模拟开关；L_{13}、L_{23}、L_{33} 为模拟的联络开

关。该低压模拟试验台共模拟了 14 台开关。

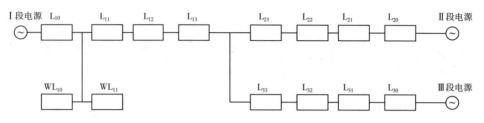

图 4-1 一个典型低压模拟试验台

1. 模拟单元主回路

该低压模拟试验台由各个模拟单元相互连接来构成，每个模拟单元如图 4-2 所示。

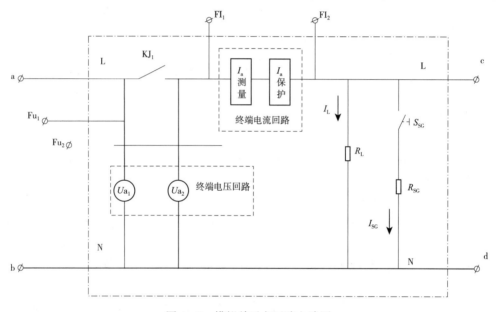

图 4-2 模拟单元主回路电路图

图 4-2 中 KJ_1 为交流接触器的主触点，用来模拟中压开关；R_L 为配电负荷模拟电阻；R_{SG} 为故障模拟电阻；S_{SG} 为故障模拟按钮，按下故障按钮 S_{SG}，会使故障模拟电阻连接相线和地线产生故障电流，松开 S_{SG} 可使故障电流消失。R_{SG} 的大小按事故电流 I_{SG} 的大小需要选择，为了与负荷电流显著区别，一般 R_{SG} 小于 $20R_L$。按下故障按钮后立即松开，可模拟瞬时性故障；压下按钮后保持一段时间，可模拟永久性故障。图 4-2 中 "a、b" 端为模拟单元的首端，c、d 端为模拟单元的末端，各模拟单元首末相连即可形成馈线，多个馈线的最末单元的 c、d 端连接即可形成馈线的互联。各馈线的首级单元的 a、b 端需接入交流 220V 电源（L 表示相线，N 表示零线）。

图 4-2 中还示意出了模拟单元与配电终端电压、电流测量回路、保护回路接口。Fu_1、b 端和 Fu_2、b 端为配电终端电压测量回路输入端，并联于配电终端两个电压互感器回路里，分别测量用来模拟中压开关断口（交流接触器主触点 KJ_1）两侧的电压；"FI_1、FI_2" 端为配电终端电流测量回路和保护回路输入端，串联于配电终端测量电流互感器和

保护电流互感器回路里（在配电终端内部测量电流互感器输出端与保护电流互感器输入端短接，形成测量电流互感器和保护电流互感器回路串联），测量模拟中压开关下游电流。

2. 模拟单元控制回路

采用交流接触器模拟中压开关控制回路的原理如图4-3所示。

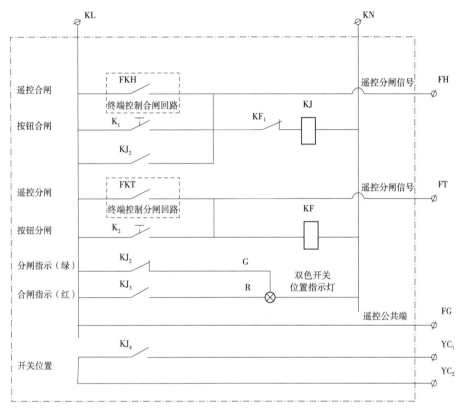

图4-3　模拟单元控制回路

图4-3中KJ为交流接触器，其主触点 KJ_1 用来模拟中压开关的断口，其辅助接点 KJ_2、KJ_3 用于辅助控制接点，KJ_4 用作开关位置输出接点；KF为分闸继电器，KF_1 为分闸继电器辅助接点，K_1、K_2 为手动合、分闸按钮。各模拟单元控制电源"KL、KN"需接入交流220V电源。

按下合闸按钮，合闸回路得电KJ接触器工作，自保持辅助接点 KJ_2 闭合，模拟中压开关合闸，合闸指示灯（红）亮（KJ_3 辅助接点常开变常闭，常闭变常开）。按下分闸按钮，分闸回路得电KF分闸继电器工作，接于合闸回路的 KF_1 辅助接点断开，合闸回路断电KJ接触器停止工作，自保持辅助接点 KJ_2 断开，模拟中压开关分闸，分闸指示灯（绿）亮（KJ_3 辅助接点恢复）。

图4-3中还示意出了模拟单元与配电终端控制回路接口。FH、FT、FG为模拟单元控制回路输入端，FH遥控合闸输入端接于配电终端遥控合闸输出端，FT遥控分闸输入端接于配电终端遥控分闸输出端，FG为遥控公共端接于配电终端遥控分合闸公共端，FKH、FKT为配电终端内部遥控输出合闸继电器常开接点和分闸继电器常开接点。

当配电终端得到合闸命令，配电终端内部遥控合闸输出继电器工作，FKH 接点闭合，模拟单元合闸回路得电，模拟中压开关合闸。当配电终端得到分闸命令，配电终端内部遥控分闸输出继电器工作，FKT 接点闭合，模拟单元分闸回路得电，模拟中压开关分闸。

模拟单元与配电终端配合可模拟各种类型开关，若配电终端投入本地保护则可模拟断路器，若不投入本地保护，则可模拟负荷开关。一般模拟变电站 10kV 出线断路器的模拟单元要具备本地保护跳闸功能，即与其配合的配电终端保护功能投入，其余馈线开关可模拟为负荷开关。

配电终端在检测到馈线段过流后，保护功能投入的可发出跳闸信号，保护功能未投入的则不发出跳闸信号，不论保护功能投入与否配电终端在检测到馈线段过流后都会上传过流信息。

当模拟馈线段出现故障后，模拟馈线段出线开关模拟单元被设置为断路器则立即跳闸，短路点上游各分段开关模拟单元被设置为负荷开关则不跳闸，所有开关过流信息通过配电终端上传。

利用该试验台可以模拟产生闭环或开环配电网瞬时性或永久性故障的现象，对配电自动化系统的故障处理性能进行测试。

4.1.2 配电自动化系统故障处理性能的测试

测试时在实验室将配电自动化系统连接并调试完毕，并将各个配电终端与低压模拟试验台的相应模拟单元相连，如图 4-4 所示，人工设置各种故障现象，就可测试配电自动化系统的故障处理性能。

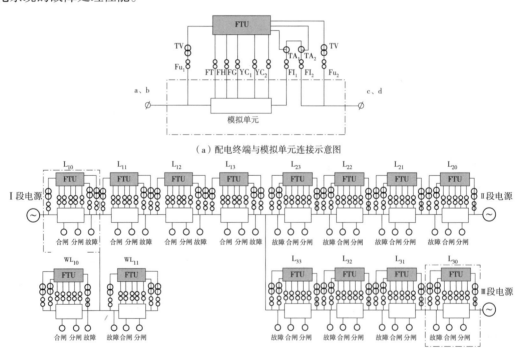

(a) 配电终端与模拟单元连接示意图

(b) 配电终端与低压模拟试验台模拟单元连接示意图

图 4-4 低压模拟试验台连接示意图

通过操作各模拟开关的手动操作按钮，设置各台模拟开关的状态，将所模拟的配电网设置在测试要求的运行方式。具体内容如下：

（1）按下某个故障按钮设置相应馈线段发生故障，压下按钮后立即松开，可模拟瞬时性故障；压下按钮后保持一段时间，可模拟永久性故障。

（2）将某台配电终端的保护 TA_2 回路入口短接并断开与终端的内部接线，模拟故障时该配电终端无法检测到故障电流，可模拟该配电终端故障信息漏报现象。

（3）将某台配电终端的测量 TA_1 回路入口短接并断开与终端的内部接线，可模拟该配电终端电流遥测信息漏报现象。

（4）将某台配电终端的 TV 回路断开，可模拟该配电终端电压遥测信息漏报现象。

（5）向某台配电终端的保护 TA_2 回路注入一个瞬时过流信号（比如用继电保护测试仪或二次同步注入测试设备等），可模拟该配电终端误报故障信息现象。

（6）将某台配电终端的控制出口压板打开，可模拟相应开关拒动现象。

（7）将某台配电终端的通信线断开，可模拟该配电终端通信中断现象。

4.1.3 测试用例

【例 4-1】 采用图 4-1 所示的低压模拟试验台测试集中智能配电自动化系统的故障处理性能。模拟故障位置如图 4-5 所示。

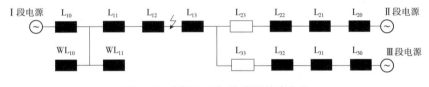

图 4-5 ［例 4-1］的模拟故障位置

■—合闸；□—分闸

由于 L_{10}、L_{20}、L_{30} 模拟为具有本地保护跳闸功能的断路器，其余为负荷开关（过流时不跳闸）。模拟馈线段运行方式为 L_{10}、L_{11}、L_{12}、L_{13}、L_{20}、L_{21}、L_{22}、L_{30}、L_{31}、L_{32}、WL_{10}、WL_{11} 为闭合状态，L_{23}、L_{33} 为断开状态。模拟在开关 L_{12}，L_{13} 之间区域发生永久故障，开关 L_{10} 跳闸且 L_{10}、L_{11}、L_{12} 应正常上报故障电流信息。设置一些信息漏报、信息误报、开关拒动、通信终端现象，可检验被测试的配电自动化系统的健壮性。对某集中智能配电自动化系统的测试结果如表 4-1 所示。

表 4-1　　　　　　　　　　对某集中智能配电自动化系统的测试结果

故障点	故障信息	隔离情况	结论
$L_{12} \sim L_{13}$	L_{11} 漏报过流信息	将 $L_{12} \sim L_{13}$ 隔离	正确
	L_{11} 通信中断		正确
	L_{12} 漏报过流信息		正确
	L_{12} 开关拒动		正确
	L_{12} 通信中断		正确
无	L_{11} 误报过流信息	成功滤除误报	正确
	L_{12} 误报过流信息		正确
	L_{13} 误报过流信息		正确

【例4-2】 采用低压模拟试验台测试某配电自动化系统的故障处理性能。通过对各模拟单元的相互组合连接，分别形成如图4-6（a）、（b）、（c）所示的测试配电网拓扑结构[31]。

模拟馈线段运行方式为分段开关、分支开关为闭合状态，联络开关为断开状态。K_1、K_2、K_3为模拟故障点。

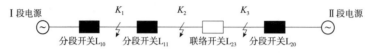

（a）开环单联络网络

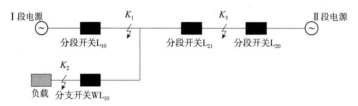

（b）闭环单联络单分支网络

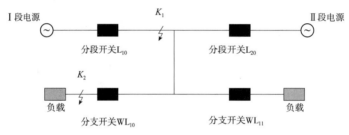

（c）闭环单联络双分支网络

图4-6 ［例4-2］的测试网架和模拟故障位置示意图

■—合闸；□—分闸

对某配电自动化系统的测试结果如表4-2所示。

表4-2 对某配电自动化系统的测试结果

测试案例	模拟故障点	自愈隔离情况	恢复供电情况	结论
开环单联络网络	K_1	分段开关 L_{10}、L_{11} 跳闸	联络开关 L_{23} 合闸	正确
	K_2	分段开关 L_{11} 跳闸	—	正确
	K_3	分段开关 L_{20} 跳闸	—	正确
闭环单联络单分支网络	K_1	分段开关 L_{10}、L_{21}、WL_{10} 跳闸	—	正确
	K_2	分段开关 WL_{10} 跳闸	—	正确
	K_3	分段开关 L_{20}、L_{21} 跳闸	—	正确
闭环单联络多分支网络	K_1	分段开关 L_{10}、L_{20}、WL_{10}、WL_{11} 跳闸	—	正确
	K_2	分段开关 WL_{10} 跳闸	—	正确

4.2　主站注入测试法

4.2.1　基本原理[32]

主站注入测试法的基本原理是：采用主站注入测试法专用测试平台，根据所设置故障位置、类型、性质以及当前场景计算配电网故障前潮流及故障短路电流，并根据计算结果生成相应配电终端的故障信息发往被测试配电自动化系统主站，在被测试配电自动化系统主站进行故障处理过程中，主站注入测试装置仿真相应配电终端与被测试配电自动化系统主站交互信息，从而对被测试主站的正常故障处理过程进行测试，并可通过加大主站注入测试装置所仿真的配电终端的数量，同时模拟多处故障现象的方法对被测试主站进行压力测试。也可采取拒绝按照被测试配电自动化系统主站的遥控命令修改场景的方法模拟开关拒动现象，采取设置故障位置上游某些合闸位置开关状态变为分闸的方法模拟越级跳闸现象，采取将一些开关的故障信息不上传的方法模拟故障信息漏报现象，采取人为令一些未经历故障电流的开关上传故障信息的方法模拟故障信息误报现象，从而对异常情况下被测试主站的故障处理过程进行测试。

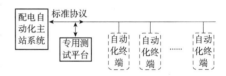

图 4-7　主站注入测试法示意图

主站注入测试法示意图如图 4-7 所示。

4.2.2　主站注入测试平台

本节以国家电网公司配电自动化工程验收使用的 DATS-1000 主站注入测试平台为例，论述主站注入测试平台的组成。DATS-1000 主站注入测试平台由配电网仿真器、实时数据库管理器、建模与配置器、故障模拟器、规约解释器、通信管理器以及人机交互界面等几部分组成，如图 4-8 所示。

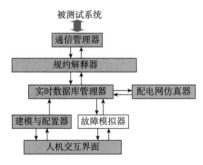

图 4-8　主站注入法测试平台的组成

配电网仿真器的作用主要是模拟故障前的运行场景以及模拟供电恢复的效果；实时数据库管理器用以存放来自被测试系统、配电网仿真器、建模与配置器以及故障模拟器的测试用实时数据；建模与配置器的作用是形成测试模型；故障模拟器负责动态模拟故障现象；规约解释器完成与被测试系统之间的信息交互；通信管理器的作用是保持链路通畅；人机交互界面的作用是提高测试平台的可用性。

1. 配电网仿真器

配电网仿真器的功能模块主要包括网络拓扑分析和潮流计算。网络拓扑分析模块根据实时数据库中的开关状态和网络连接关系形成配电网运行拓扑；潮流计算模块根据实时数据库中各个负荷节点的负荷和网络拓扑进行潮流计算，得出各个开关节点的电流、电压、功率，作为配电网的模拟实时数据。

2. 实时数据库管理器

实时数据库管理器的主要功能包括：根据规约解释器、建模与配置器、故障模拟器发来的命令初始化或更新库中开关状态和负荷节点的负荷数据；根据潮流计算结果更新库中各个开关节点的电流、电压、功率；根据故障模拟器的指令更新故障信息。

负荷数据更新周期为建模与配置器所设置的负荷曲线的时间间隔，负荷数据更新时间到了以后则根据建模与配置器所设置的负荷曲线数更新实时数据库中的负荷数据。

为了避免被测试主站因遥测数据长时间未变化而将其作为"老数据"而"忽视"，在每个更新周期内，还需要更加频繁地刷新负荷数据，具体方法是在负荷曲线数据的基础上叠加一个取值范围可以设置的均匀分布随机数。

3. 建模与配置器

建模与配置器的功能模块主要包括以下几个部分：

（1）图模一体化的配电网建模。建模主要包括：电源点、架空线、电缆、柱上开关、环网柜、配电变压器的网络连接关系和参数录入、编辑、复制和删除以及模型生成。

（2）开关和负荷点配置。配置主要包括：开关的类型（负荷开关、断路器、重合器）和初始状态以及负荷节点的负荷及变化规律（如负荷曲线、随机波动幅度）。

负荷节点的负荷可以典型值或负荷曲线的方式录入，负荷曲线的数据间隔可以分钟为单位进行设置。

（3）自动化终端配置。配置主要包括：自动化终端和开关或开关组的对应关系以及自动化终端三遥数据的点表。

4. 故障模拟器

故障模拟器的功能模块主要包括以下各项：

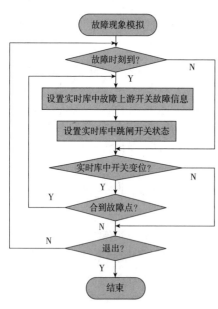

图4-9 故障现象模拟的流程
N—否；Y—是

（1）故障场景配置。包括故障位置（可设置多处）、故障类型（永久、瞬时）、开关是否拒动，重合闸是否允许，是否漏报故障信息，是否发生越级跳闸等参数的配置。

（2）故障现象模拟。根据故障场景配置和配电网仿真器中网络拓扑的变化产生相应的故障信息发往实时数据库。

故障现象模拟的流程如图4-9所示。

5. 规约解释器

规约解释器的功能模块主要包括以下各项：

（1）通信规约配置。从规约库中选择配置包括南瑞配电、珠海许继、积成电子、银河自动化、四方公司、华源公司在内的不同厂家的通信规约。

（2）上行报文组织、下行报文解释。根据配电网仿真器中实时数据库形成上行报文，对来自被测试系统的下行报文进行解释，将遥测和遥信结果放入配电网仿真器的实时数据库，对于遥控报文根据故障模拟器设置的开关拒动与否状态决定是否更新配电网仿真器的实时数据库中相应遥信状态，若是则组织遥控成功上行报文，否则组织遥控失败上行报文。

规约解释器始终通过通信管理器保持将实时数据库中的遥测和遥信数据与被测试系统交互。

6. 通信管理器

通信管理器功能模块主要包括以下各项：

（1）多 IP 报文组织。根据自动化终端配置结果组织与被测试系统的交互报文。将当前自动化终端配置的 IP 地址录入主站测试软件的配置文件中，测试软件可通过多 IP 形式，模拟多个配电终端与主站进行信息交互。

（2）链路监测与维护。监测链路状态，必要时组织重连。

7. 人机交互界面

人机交互界面的功能模块主要包括以下各项：

（1）输入、输出管理。衔接测试员与各配置相关模块。

（2）操作控制管理。衔接测试员与各相关功能模块。

（3）测试报表生成。辅助生成测试报表。

4.2.3 主站注入测试步骤

主站注入测试法的基本步骤如下：

（1）数据录入和模型化。录入被测试系统的接线图和静态参数，建立被测试系统的模型，进行参数配置、负荷数据配置、自动化终端配置以及数据点表配置。

（2）设置故障位置、类型、性质。故障位置为发生故障的地点，可以是配电网同时发生多个位置故障；故障性质为瞬时故障或永久故障。

（3）故障前场景注入。主站注入测试法专用测试平台计算故障前潮流分布，将其作为初始场景与被测试配电自动化系统主站交互。

（4）检查与主站交互是否正常。通过被测试配电自动化系统主站监控界面观察主站运行是否正常，检查配电网网络拓扑、负荷特性等场景数据。

（5）故障信息注入。待配电自动化系统主站正常运行后，根据设置好的故障位置和性质，人为设置发生故障。主站注入测试法专用测试平台将计算好的故障数据与被测试配电自动化系统主站进行实时交互。若某个开关设置了故障信息漏报，则在向被测试配电自动化系统主站注入故障信息时，将该开关的故障信息删除。

（6）故障处理过程测试。主站注入测试法专用测试平台得到配电自动化系统主站用于处理故障对相应开关下达的遥控命令，据此改变主站注入测试法专用测试平台中仿真分析器中相应开关的状态，并重新进行配电网网络拓扑分析，依据试验前设置好的负荷特性等数据计算潮流，构建故障处理过程中的场景数据，与配电自动化系统主站进行实时交互，并对故障处理过程进行监测和记录。若某个开关设置了开关拒动，则在收到该开关的遥控命令时，不改变主站注入测试法专用测试平台中仿真分析器中相应开关的状态，也不进行后续的网络拓扑分析和潮流计算等。

（7）测试分析。根据配电自动化系统主站事件记录和主站注入测试法专用测试平台的事件记录，进行对比分析，判定配电自动化系统主站故障处理过程的正确性。

4.3 二次同步注入测试法

4.3.1 二次同步注入测试法基本原理[32-33]

配电自动化的二次同步注入测试法是模拟故障区段上游的各个配电终端二次侧分别由专门的同步故障模拟发生器在同一时刻注入模拟故障的短路电流波形及伴随的电压异常波形，从而对配电自动化系统主站、子站、终端、通信、开关设备、继电保护、备用电源等各个环节在故障处理过程中的相互配合进行测试。

采用配电终端二次同步注入测试法对配电自动化系统各个环节在故障处理过程中协调配合性能进行测试的关键在于：

（1）对于所设置的故障，在模拟故障发生时，各个配电终端处的故障模拟发生器同时发生相对应的短路电流波形及伴随的电压异常波形。

（2）能够接收故障处理过程中来自配电终端进行故障隔离和供电恢复的馈线开关控制信号，并根据设置的故障前运行场景和故障现象产生相应的输出电流电压波形，维持配电自动化故障处理过程所需的条件，从而对配电自动化各个环节在故障处理过程中协调配合的正确性进行测试。

为了满足上述要求，需要专门的配电自动化二次同步注入成套测试装置构成测试系统，本节以国家电网公司配电自动化工程验收使用的 DATS－2000 二次同步注入成套测试装置为例进行说明。该成套测试装置由同步故障发生器、前端采样模块、GPS 模块、储能蓄电池柜以及指挥计算机平台组成。指挥计算机平台负责测试方案的生成及下装，并汇总测试结果形成测试报告；前端采样模块采集二次侧的电压、电流及励磁涌流信息并输出控制试验过程的开关量；同步故障发生器根据下装的测试方案及前端采样模块输出的开关量向 FTU/DTU 定时输出电压电流信号；整个测试平台通过 GPS 卫星时间同步系统同步工作。考虑到户外试验可能缺少电源，使用储能蓄电池柜作为系统的备用电源对系统的各个模块进行供电。配电终端二次同步注入测试法成套测试装置的组成如图 4－10 所示。

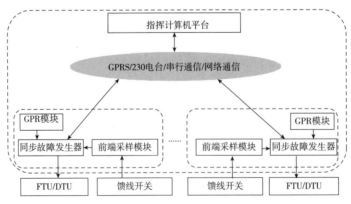

图 4－10 配电自动化二次同步注入测试系统结构框图

现场测试时，将二次同步注入成套测试装置接入各个配电终端二次回路，如图 4－11

所示，在故障点电源侧各开关处分别配置配电网故障模拟发生器，发生器电流电压输出至馈线终端单元（FTU）。各故障模拟发生器采用 GPS 时钟进行同步，并可与测试指挥控制计算机通过、有线式无线网络进行通信。测试前，由测试指挥控制计算机仿真计算生成各个测点的测试方案，并将数据下发至各个故障模拟发生器。测试时，由故障模拟发生器按照相应时间序列或接受到的配电终端控制开关信号在同一时刻输出或关断模拟故障电流，时间序列可由人为设定或根据现场实测确定。在被测馈线变电站出线开关侧安装临时馈线保护作为馈线的总保护，以便在测试过程中该馈线发生真实故障时将故障馈线切除。

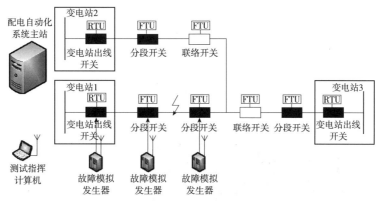

图 4－11　二次同步注入测试法示意图

■—合闸；□—分闸

4.3.2　模拟开关单元

在配电自动化系统的现场测试中，为了线路运行不受影响，在测试中可采用模拟开关代替实际开关，将自动化终端到实际开关的控制回路断开，而接至模拟开关单元。测试时隔离故障等遥控输出不操作实际开关，而只操作摸拟开关单元。通过模拟开关单元代替实际开关来检验系统的故障处理功能，实现现场不停电测试，最大程度地降低测试工作对用户的影响，提高供电可靠性。

实际开关有断路器、负荷开关等类型，其控制回路电压有交流 220V、交流 100V、直流 100V、直流 24V、直流 48V 等电压等级，操作机构有弹簧储能、电磁式、永磁机构等。依据开关性质和操作机构的不同，从控制开关分、合闸到开关动作成功都存在着一定的延时，并且每种开关的延时时长都有一定差异，这些指标对于配电自动化故障处理性能有着重要的影响，模拟开关单元应能调节这些指标。

为了满足各种控制电压的要求并可对开关动作延时时长进行较精确的调节，模拟开关单元可采用固态继电器和可编程逻辑电路 CPLD 实现。为了兼容交流 220V、直流 24V、直流 48V 等电压等级，需要设计专门的电源转换电路，具有不同等级电压的自适应能力。

模拟开关单元的原理框图如图 4－12 所示。

一种模拟开关单元的照片如图 4－13 所示，其开关工作延时时间连续可调，误差小于 1ms。

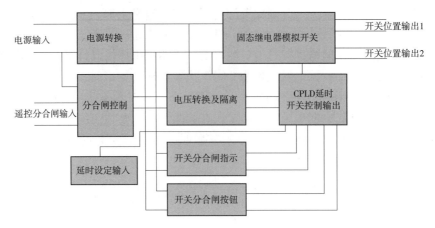

图 4-12 模拟开关单元原理框图

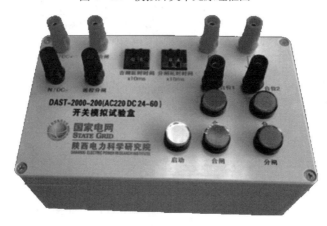

图 4-13 模拟开关单元

4.4 主站与二次协同注入测试法

主站注入测试法虽然可设置复杂的故障现象（如开关拒动、越级跳闸、多级跳闸、多重故障、信息漏报和误报等）和复杂的场景（如设置负荷分布、负荷变化趋势、挂牌检修、设备额定容量下降等场景），但是只能对配电自动化系统的主站进行测试。

二次同步注入测试法虽然可对主站、子站、终端、保护配合、备用电源、通信和馈线开关等在故障处理过程中的配合进行测试，但是需要在拟模拟故障区域上游所有的终端注入故障信息，既携带大量设备又需要大量测试人员，当配电网规模较大时工作量很大。

为了解决上述问题，提出一种主站与二次协同注入的配电自动化故障处理性能测试方法，有助于实现不停电测试和减少测试工作量。

4.4.1 基本原理[33-34]

主站与二次协同注入测试法的核心思想是：主站注入测试平台产生配电自动化系统故障处理过程所必需的启动条件，而馈线沿线的故障现象由二次注入故障模拟发生器同步产生，并且采用模拟开关单元代替实际开关，从而实现不停电测试；通过在拟模拟故障有关的各个配电终端轮换接入少量二次同步注入设备，而配电网其余部分的场景采用主站注入法模拟的方法，实现携带少量设备进行大规模配电网测试，并有效减少测试所需的人员数。这就要求主站注入测试平台也需要有 GPS 对时，以保障和二次注入故障发生器具有同样的时钟。

4.4.2 主站与二次协同注入解决不停电测试问题

配电网中至少有一台开关因保护动作而跳闸是配电自动化系统故障处理的启动条件，为了做到对配电自动化系统故障处理性能的不停电测试，则必须解决跳闸问题。

主站与二次同步注入测试法的核心思想是由主站注入测试平台产生配电自动化系统故障处理过程所必需的启动条件，即配电网中至少有一台开关因保护动作而跳闸。而馈线沿线的故障现象由故障模拟发生器同步产生，如图 4-14 所示。图 4-14 中被测馈线的变电站出线开关处 RTU 与配电自动化系统主站通过虚线相连，表示变电站出线开关处 RTU 采集的保护跳闸信息由主站注入测试平台模拟产生并直接注入配电自动化系统主站，而不必再在变电站出线开关处配置故障模拟发生器。为了达到上述要求，主站注入测试平台也需要采用 GPS 对时技术，以保障和故障模拟发生器具有同样的时间基准。

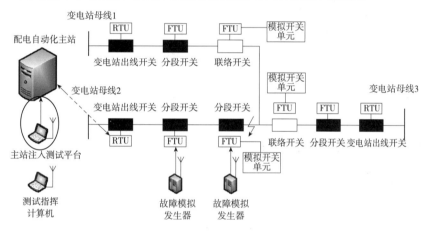

图 4-14　主站与二次同步注入测试法解决不停电测试问题
■—合闸；□—分闸

因此，主站与二次同步注入测试法的关键技术包括：

（1）主站注入测试平台需采用 GPS 对时。

（2）主站注入测试平台接入被测试配电自动化系统主站，模拟因保护动作而跳闸的开关（大多数情况下为变电站出线开关）上的自动化终端与被测试配电自动化系统主站交互信息。

（3）主站注入测试平台与接入配电终端的故障模拟发生器在同一个预设时刻向被测试系统注入故障信息（同步输出误差时间不大于 $50\mu s$），测试其故障处理过程。

在大多数情况下，当馈线发生故障时，都是由变电站的 10kV 出线断路器保护动作跳闸构成启动条件，若采用二次同步注入测试法，则需要进入变电站进行接线测试，采用主站与二次同步注入测试法后则在故障处理性能测试时不必进入变电站工作。

为了实现不停电测试，还必须在进行配电自动化系统故障处理性能测试时，采用模拟开关单元代替实际开关，将自动化终端到实际开关的控制回路断开，而接至模拟开关单元。进行测试时隔离故障等遥控输出可不动作实际开关，而只动作模拟开关。通过模拟开关代替实际开关来检验系统的故障处理功能，实现现场不停电测试。

当然，采用主站与二次同步注入测试法和模拟开关，虽然可以解决配电自动化系统故障处理性能的不停电测试问题，并避免进入变电站工作的麻烦，但是变电站出线断路器及其继电保护、馈线开关的动作性能等还应结合传动试验加以验证。

4.4.3　主站与二次协同注入减少测试人员和测试设备

二次同步注入测试法还存在需要大量的测试人员携带大量测试设备的问题。对于无分布式电源的开环运行配电网，需对拟模拟故障位置上游所有配电终端和变电站相应出线的保护装置都配置二次同步注入故障模拟发生器。对于含大容量分布式电源或闭环运行配电网，甚至需要将所关联的若干馈线上的所有配电终端和变电站相应出线的保护装置都配置二次同步注入故障模拟发生器。并且在每个故障发生器安装处，都必须配备专人配合测试。因此，测试中一般需要大量的设备和人员。

采用主站与二次同步注入测试法可以有效解决上述问题。通过在与拟模拟故障有关的各个配电终端轮换接入少量二次同步注入设备，而配电网其余部分的场景采用主站注入法模拟的方法，就可以实现携带少量设备进行大规模配电网测试，并能有效减少测试所需的人员数，如图 4-15 所示。图 4-15 中通过虚线与配电自动化系统主站相连的配电终端和变电站出线开关处的 RTU，其故障相关信息均由主站注入测试平台模拟产生并直接注入配电自动化系统主站。

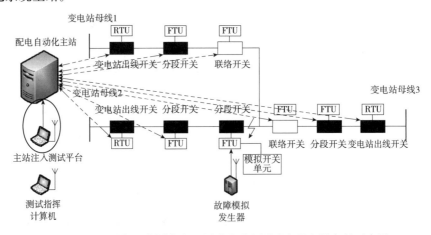

图 4-15　主站与二次同步注入测试法减少测试人员和设备的示意图

■—合闸；　□—分闸

在最精简情况下，采用主站与二次同步注入测试法甚至只需要一套主站注入测试平台和一台故障模拟发生器即可。

主站与二次同步注入测试法不仅可以解决不停电测试问题并避免进入变电站工作的麻烦，减少测试设备和测试人员的数量，还可以发挥主站注入法能够设置复杂故障现象和负荷分布场景的优点。

当然，与 4.3.2 小节相同，变电站出线断路器及其继电保护、馈线开关的动作性能等还应结合传动试验加以验证。

4.5 几种测试方法的比较

主站注入测试法、二次同步注入测试法和主站与二次同步注入测试法的性能比较如表 4-3 所示，设备配置如表 4-4 所示。

表 4-3　　　　　　　　　　　　　　　3 种测试方法的性能比较

	主站注入	二次同步注入	主站与二次同步注入
适用范围	集中智能型配电自动化系统	集中和分布智能型配电自动化系统	集中智能型配电自动化系统
测试覆盖环节	仅能对主站进行测试	主站、子站、终端、继电保护、备用电源、通信和馈线开关	主站、子站、终端、备用电源、通信
是否需进入变电站接线	否	是	否
是否需停电	否	是	否
测试工作量	小	当配电网规模大时测试工作量大	适中
复杂故障设置	可设置	不可设置	可设置
负荷分布场景设置	可设置	不可设置	可设置

表 4-4　　　　　　　　　　　　　　　3 种测试法的设备配置

测试方法	主站注入测试平台/套	故障模拟发生器	模拟开关单元
主站注入	1	0 台	0 台
二次同步注入	0	很多台	少量（根据需要）
主站与二次同步注入	1	至少 1 台	少量（根据需要）

4.6 现场测试应用

以国家电网公司第一批配电自动化试点城市之一的 M 城配电自动化系统测试为例，测试组采用二次同步注入测试法对各个环节在故障处理中的协调配合进行测试，选取的测试线路及测试接线如图 4-16 所示。

为了实现不停电测试，环网线路首级开关（同安路 1 号环网柜 901）配置与变电站出线开关同型号保护装置及模拟断路器，代替实际保护装置上传故障跳闸信息，并对被测试的开关、系统联络开关及故障隔离相关开关的 DTU 遥控出口压板采取隔离措施，避免实际控制动作。测试时在同安路 1 号环网柜 DTU901、DTU902 及 DTU906 处配置两台 DATS-2000 二次同步注入故障模拟发生器用以注入负荷电流电压和故障电流电压，在虎园 2 号环网柜 DTU906 处配置一台 DATS-2000 二次同步注入故障模拟发生器用以注入负荷电流电

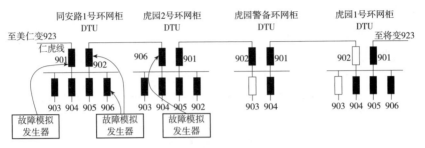

图 4-16 M城配电自动化系统测试所选线路及测试接线

■一合闸；□一分闸

压和故障电流电压，分别模拟同安路1号环网柜和虎园2号环网柜之间电缆故障、同安路1号环网柜906处用户故障、虎园2号环网柜母线故障。整个测试共需3台DATS-2000二次同步注入故障模拟发生器以及一台线路保护装置用于配合测试，并在同安路1号环网柜和虎园2号环网柜各配置一组测试人员，测试接线复杂，并且由于受到测试设备和人员数量的限制，模拟故障区段只能选在上游开关数小于3个的范围之内，不能对线路进行全范围测试。

针对上述问题，在之后进行的国家电网公司第二批、第三批配电自动化试点城市的配电自动化系统测试中，测试组改为利用DATS-1000主站注入测试平台和DATS-2000二次同步注入故障模拟发生器协同，对配电自动化系统各个环节在故障处理过程中的协调配合进行测试。以T城配电自动化系统测试为例，所选取的测试线路及测试接线如图4-17所示。

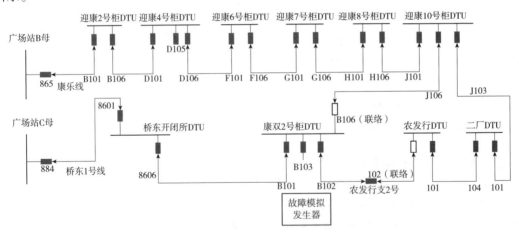

图 4-17 T城配电自动化系统测试所选线路及测试接线

■一合闸；□一分闸

在模拟桥东1号线康双2号环网柜B103出线故障时，仅仅在康双2号柜DTU B103处配置1台DATS-2000二次同步注入故障模拟发生器用以注入负荷电流电压和故障电流电压，上游康双2号柜DTU B101、桥东开闭所DTU 8601、8606的故障信息均由DATS-1000主站注入测试平台产生，广场站C母10kV出线开关884保护跳闸信息也由DATS-1000主站注入测试平台产生，并采用模拟开单元关代替实际开关康双2号环网柜B103，将自动化终端到实际开关的控制回路断开，而接至模拟开关单元，实现现场不停电测试。在主站注入测试组人员的配合下，整个户外现场测试仅需一台 DATS－2000 二次同步注入故障模拟发生器，在康双 2 号环网柜配置一组测试人员即可，测试接线工作量显著减小。并且，可以在线路上各个馈线终端轮换接入该台 DATS－2000 二次同步注入故障模拟发生器以覆盖全部区段，通过 DATS－1000 主站注入测试平台可以灵活设置测试场景，真正实现携带少量设备进行大规模配电网测试。

由上述两种测试方法在实际现场测试的应用情况可见，主站与二次协同注入测试法相对于二次同步注入测试法确实具有较大优势，不仅可以很容易实现不停电测试、避免进入变电站接线的麻烦，还可以显著减小测试接线工作量以及所需的测试设备和人员，提高测试灵活性，提供更为丰富的测试区域和测试方案选择。

4.7　本章小结

（1）配电自动化系统故障处理性能的实验室测试，可以采用模拟配电线路的低压模拟试验台进行。该低压模拟试验台采用 0.4kV 低压配电线路模拟 10kV 中压配电线路，采用接触器及分合闸控制电路模拟中压配电开关及其控制回路，采用适当阻值功率电阻模拟配电负荷，采用在各个馈线区段分别通过相应按钮控制接入一个低值大功率电阻连接相线与地线的方法模拟故障现象。测试时将配电终端接入低压模拟试验台，即可进行测试。

（2）主站注入测试法可以设置复杂的故障现象和复杂的场景，但是只能对配电自动化系统主站的故障处理性能进行测试。

（3）二次同步注入测试法可以对配电自动化系统主站、子站、配电终端、保护配合、备用电源、通信和馈线开关的整个环节在故障处理过程中的协调配合进行测试，但是测试中需要造成停电，一般还要进入变电站工作，并且既需要携带大量设备又需要大量测试人员，当配电网规模较大时工作量很大。

（4）主站与二次协同注入测试法，不仅可以解决不停电测试问题并避免进入变电站工作的麻烦，以及减少测试设备和测试人员的数量，还具有可以在采用主站注入测试法产生故障现象的区域范围内发挥出主站注入法能够设置复杂故障现象和负荷分布场景的优点。

（5）采用主站与二次协同注入测试法虽然可以进行不停电测试，但是变电站出线断路器及其继电保护、馈线开关的动作性能等还应结合传动试验加以验证。

第5章 主站注入法测试配电自动化系统主站故障处理性能用例

为了方便测试，本章给出采用主站注入测试法对配电自动化系统主站的故障处理性能进行测试的典型测试用例，故障处理的基本原理可参见参考文献[35-53]。

5.1 架空配电网基本故障处理测试用例

5.1.1 测试接线图

架空网基本故障处理测试接线图如图5-1所示❶。

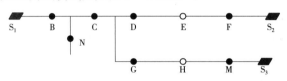

图5-1 一个架空配电网

5.1.2 测试情况举例

以图5-1的架空配电网为例，分析不同区域出现故障时的处理测试。

【例5-1】 全负荷开关架空馈线，区域λ（B-C-N）内瞬时性故障。

（1）测试参数。测试参数设置如表5-1所示。

表5-1 ［例5-1］的测试参数设置

故障设置	区域λ（B-C-N）内瞬时性故障											
开关	S_1	S_2	S_3	B	C	D	E	F	G	H	M	N
类型	断路器	断路器	断路器	负荷开关	负荷开关	负荷开关	负荷开关	负荷开关	负荷开关	负荷开关	负荷开关	负荷开关
属性	电源	电源	电源	分段	分段	分段	联络	分段	分段	联络	分段	分段
初始状态	合闸	合闸	合闸	合闸	合闸	合闸	分闸	合闸	合闸	分闸	合闸	合闸
第1次跳闸开关	√											
第2次跳闸开关												
重合设置	√	√	√									
拒动设置	不拒动	不拒动	不拒动	不拒动	不拒动	不拒动	不拒动	不拒动	不拒动	不拒动	不拒动	不拒动
故障信息	过流			过流								
流过电流/A	220	170	150	190	110	30	0	80	40	0	70	30

注 表中"√"表示将电气元件设置为相应状态。

---

❶ 对本章接线图中的图例统一说明如下：□—断路器，属性为电源，实心表合闸，空心表分闸；○—负荷开关，实心表合闸，空心表分闸；□—断路器，实心表合闸，空心表分闸。

（2）故障现象。故障现象如表5-2所示。

表5-2　　　　　　　　　　［例5-1］的故障现象

故障设置	区域λ（B-C-N）内瞬时性故障											
开关	S_1	S_2	S_3	B	C	D	E	F	G	H	M	N
状态	分闸后快速重合成功	原状态（合闸）	原状态（合闸）	原状态（合闸）	原状态（合闸）	原状态（合闸）	原状态（分闸）	原状态（合闸）	原状态（合闸）	原状态（分闸）	原状态（合闸）	原状态（合闸）
流过电流/A	分闸后为0，重合成功后为220	170	150	S_1分闸后为0，S_1重合成功后为190	S_1分闸后为0，S_1重合成功后为110	S_1分闸后为0，S_1重合成功后为30	0	80	S_1分闸后为0，S_1重合成功后为40	0	70	S_1分闸后为0，S_1重合成功后为30

（3）故障处理。

1）故障定位结果。区域λ（B-C-N）内瞬时性故障。

2）供电恢复过程。不做任何处理。

供电恢复后的运行工况如表5-3所示。

表5-3　　　　　　　　　　［例5-1］供电恢复后的运行工况

故障设置	区域λ（B-C-N）内瞬时性故障											
开关	S_1	S_2	S_3	B	C	D	E	F	G	H	M	N
状态	合闸	合闸	合闸	合闸	合闸	合闸	分闸	合闸	合闸	分闸	合闸	合闸
流过电流/A	220	170	150	190	110	30	0	80	40	0	70	30

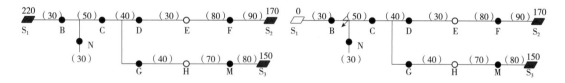

（a）正常运行工况　　　　　　　　　　　　　　　（b）故障后0s

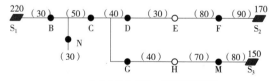

（c）S_1重合成功，故障处理结束

图5-2　［例5-1］的故障处理过程

故障处理过程如图 5－2 所示❶。

【例 5－2】 全负荷开关架空馈线，区域 λ（C－D－G）内永久性故障。

（1）测试参数。测试参数设置如表 5－4 所示。

表 5－4 ［例 5－2］的测试参数设置

故障设置	区域 λ（C－D－G）内永久性故障											
开关	S₁	S₂	S₃	B	C	D	E	F	G	H	M	N
类型	断路器	断路器	断路器	负荷开关	负荷开关	负荷开关	负荷开关	负荷开关	负荷开关	负荷开关	负荷开关	负荷开关
属性	电源	电源	电源	分段	分段	分段	联络	分段	分段	联络	分段	分段
初始状态	合闸	合闸	合闸	合闸	合闸	合闸	分闸	合闸	合闸	分闸	合闸	合闸
第 1 次跳闸开关	√											
第 2 次跳闸开关	√											
重合设置	√	√	√									
拒动设置	不拒动	不拒动	不拒动	不拒动	不拒动	不拒动	不拒动	不拒动	不拒动	不拒动	不拒动	不拒动
故障信息	过流				过流	过流						
流过电流/A	220	170	150	190	110	30	0	80	40	0	70	30
额定电流/A	580	580	580									

注　表中"√"表示将电气元件设备为相应状态。

（2）故障现象。故障现象如表 5－5 所示。

表 5－5 ［例 5－2］的故障现象

故障设置	区域 λ（C－D－G）内永久性故障											
开关	S₁	S₂	S₃	B	C	D	E	F	G	H	M	N
状态	分闸后快速重合失败	原状态（合闸）	原状态（合闸）	原状态（合闸）	原状态（合闸）	原状态（合闸）	原状态（分闸）	原状态（合闸）	原状态（合闸）	原状态（分闸）	原状态（合闸）	原状态（合闸）
流过电流/A	0	170	150	0	0	0	0	80	0	0	70	0

（3）故障处理。

1）故障定位结果。区域 λ（C－D－G）内永久性故障。

2）供电恢复过程。开关 S₁ 重合失败后的最佳策略：开关 C，控→分；开关 D，控→分；开关 G，控→分；开关 S₁，控→合；开关 H，控→合；开关 E，控→合。

最佳供电恢复后的运行工况如表 5－6 所示。

---

❶ 对本章接线图中的电流值统一说明如下：标记在括号内的数字表示馈线端供出电流；未标记在括号内的数字表示流过节点的电流。

表 5-6　　　　　　　　　　　[例 5-2] 最佳供电恢复后的运行工况

故障设置	区域 λ（C-D-G）内永久性故障											
开关	S_1	S_2	S_3	B	C	D	E	F	G	H	M	N
状态	合闸	合闸	合闸	合闸	分闸	分闸	合闸	合闸	分闸	合闸	合闸	合闸
流过电流/A	110	200	190	80	0	0	30	110	0	40	110	30

故障处理过程如图 5-3 所示。

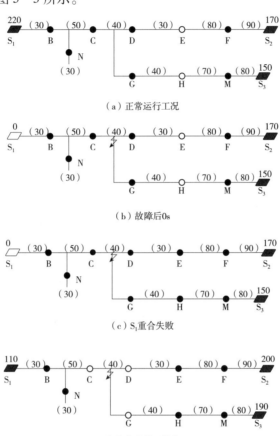

（a）正常运行工况

（b）故障后 0s

（c）S_1 重合失败

（d）故障处理结束

图 5-3　[例 5-2] 的故障处理过程

【例 5-3】　全负荷开关架空馈线，区域 λ（B-C-N）内永久性故障。

（1）测试参数。测试参数设置如表 5-7 所示。

表 5-7　　　　　　　　　　　[例 5-3] 的测试参数设置

故障设置	区域 λ（B-C-N）内永久性故障											
开关	S_1	S_2	S_3	B	C	D	E	F	G	H	M	N
类型	断路器	断路器	断路器	负荷开关	负荷开关	负荷开关	负荷开关	负荷开关	负荷开关	负荷开关	负荷开关	负荷开关
属性	电源	电源	电源	分段	分段	分段	联络	分段	分段	联络	分段	分段

故障设置	区域λ（B-C-N）内永久性故障											
初始状态	合闸	合闸	合闸	合闸	合闸	合闸	分闸	合闸	合闸	分闸	合闸	合闸
第1次跳闸开关	√											
第2次跳闸开关	√											
重合设置	√	√	√									
拒动设置	不拒动	不拒动	不拒动	不拒动	不拒动	不拒动	不拒动	不拒动	不拒动	不拒动	不拒动	不拒动
故障信息	过流		过流									
流过电流/A	220	170	150	190	110	30	0	80	40	0	70	30
额定电流/A	580	580	580									

注 表中"√"表示将电气元件设置为相应状态。

（2）故障现象。故障现象如表5－8所示。

表5－8 [例5－3]的故障现象

故障设置	区域λ（B-C-N）内永久性故障											
开关	S₁	S₂	S₃	B	C	D	E	F	G	H	M	N
状态	分闸后快速重合失败	原状态（合闸）	原状态（合闸）	原状态（合闸）	原状态（合闸）	原状态（分闸）	原状态（合闸）	原状态（合闸）	原状态（合闸）	原状态（分闸）	原状态（合闸）	原状态（合闸）
流过电流/A	0	170	150	0	0	0	0	80	0	0	70	0

（3）故障处理。

1）故障定位结果。区域λ（B-C-N）内永久性故障。

2）供电恢复过程。开关 S_1 重合失败后的最佳策略：

开关 B，控→分；开关 C，控→分；开关 D，控→分；开关 S_1，控→合；开关 H，控→合；开关 E，控→合。

最佳供电恢复后的运行工况如表5－9所示。

表5－9 [例5－3]最佳供电恢复后的运行工况

故障设置	区域λ（B-C-N）内永久性故障											
开关	S₁	S₂	S₃	B	C	D	E	F	G	H	M	N
状态	合闸	合闸	合闸	分闸	分闸	分闸	合闸	合闸	合闸	合闸	合闸	合闸
流过电流/A	30	200	230	0	0	0	30	110	40	80	150	0

故障处理过程如图5－4所示。

【例5－4】 全负荷开关架空馈线，区域λ（S_1-B）内永久性故障，需要甩负荷。

（1）测试参数。测试参数设置如表5－10所示。

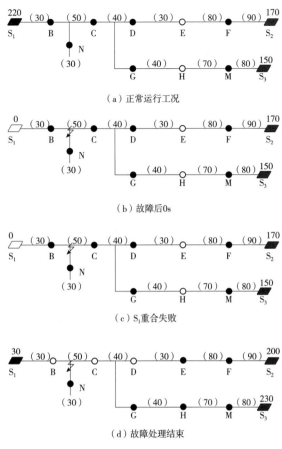

（a）正常运行工况

（b）故障后0s

（c）S$_1$重合失败

（d）故障处理结束

图 5-4 ［例5-3］的故障处理过程

表 5-10 ［例5-4］的测试参数设置

故障设置	区域 λ（S$_1$-B）内永久性故障										
开关	S$_1$	S$_2$	S$_3$	B	C	D	E	F	G	H	M	N
类型	断路器	断路器	断路器	负荷开关	负荷开关	负荷开关	负荷开关	负荷开关	负荷开关	负荷开关	负荷开关	负荷开关
属性	电源	电源	电源	分段	分段	分段	联络	分段	分段	联络	分段	分段
初始状态	合闸	合闸	合闸	合闸	合闸	合闸	分闸	合闸	合闸	分闸	合闸	合闸
第1次跳闸开关	√											
第2次跳闸开关	√											
重合设置	√	√	√									
拒动设置	不拒动	不拒动	不拒动	不拒动	不拒动	不拒动	不拒动	不拒动	不拒动	不拒动	不拒动	不拒动
故障信息	过流											
流过电流/A	350	330	340	320	210	40	0	180	90	0	160	50
额定电流/A	580	580	580									

注 表中"√"表示将电气元件设置为相应状态。

（2）故障现象。故障现象如表5-11所示。

表5-11　　　　　　　　　　　[例5-4]的故障现象

故障设置	区域λ（S₁-B）内永久性故障											
开关	S₁	S₂	S₃	B	C	D	E	F	G	H	M	N
状态	分闸后快速重合失败	原状态（合闸）	原状态（合闸）	原状态（合闸）	原状态（合闸）	原状态（合闸）	原状态（分闸）	原状态（合闸）	原状态（合闸）	原状态（分闸）	原状态（合闸）	原状态（合闸）
流过电流/A	0	330	340	0	0	0	0	180	0	0	160	0

（3）故障处理。

1）故障定位结果。区域λ（S₁-B）内永久性故障。

2）供电恢复过程。开关S₁重合失败后的最佳策略：开关B，控→分；开关D，控→分；开关N，控→分；开关H，控→合；开关E，控→合。

最佳供电恢复后的运行工况如表5-12所示。

表5-12　　　　　　　　　　[例5-4]最佳供电恢复后的运行工况

故障设置	区域λ（B-C-N）内永久性故障											
开关	S₁	S₂	S₃	B	C	D	E	F	G	H	M	N
状态	分闸	合闸	合闸	分闸	合闸	分闸	合闸	合闸	合闸	合闸	合闸	分闸
流过电流/A	0	370	570	0	60	0	40	220	140	230	390	0

故障处理过程如图5-5所示。

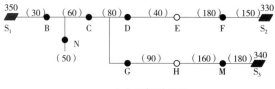

（a）正常运行工况

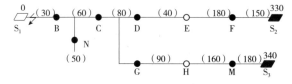

（b）故障后S₁跳闸，随后重合失败

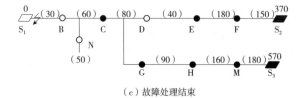

（c）故障处理结束

图5-5　[例5-4]的故障处理过程

【例 5-5】 全断路器开关架空馈线，区域 λ（C-D-G）内瞬时性故障。

（1）测试参数。测试参数设置如表 5-13 所示。

表 5-13　　　　　　　　　　　　［例 5-5］的测试参数设置

故障设置	区域 λ（C-D-G）内瞬时性故障											
开关	S_1	S_2	S_3	B	C	D	E	F	G	H	M	N
类型	断路器	断路器	断路器	断路器	断路器	断路器	断路器	断路器	断路器	断路器	断路器	断路器
属性	电源	电源	电源	分段	分段	分段	联络	分段	分段	联络	分段	分段
初始状态	合闸	合闸	合闸	合闸	合闸	合闸	分闸	合闸	合闸	分闸	合闸	合闸
第 1 次跳闸开关	√				√							
第 2 次跳闸开关												
重合设置	√	√	√									
拒动设置	不拒动	不拒动	不拒动	不拒动	不拒动	不拒动	不拒动	不拒动	不拒动	不拒动	不拒动	不拒动
故障信息	过流				过流	过流						
流过电流/A	220	170	150	190	110	30	0	80	40	0	70	30
额定电流/A	580	580	580									

注　表中"√"表示将电气元件设置为相应状态。

（2）故障现象。故障现象如表 5-14 所示。

表 5-14　　　　　　　　　　　　［例 5-5］的故障现象

故障设置	区域 λ（C-D-G）内瞬时性故障											
开关	S_1	S_2	S_3	B	C	D	E	F	G	H	M	N
状态	分闸后快速重合成功	原状态（合闸）	原状态（合闸）	原状态（合闸）	分闸	原状态（合闸）	原状态（分闸）	原状态（合闸）	原状态（合闸）	原状态（分闸）	原状态（合闸）	原状态（合闸）
流过电流/A	分闸后为 0，重合成功后为 110，C 合闸后为 220	170	150	S_1 分闸后为 0，S_1 重合成功后为 80，C 合闸后为 190	分闸后为 0	0	0	80	0	0	70	S_1 分闸后为 0，S_1 重合成功后为 30

（3）故障处理。

1）故障定位结果。区域 λ（C-D-G）内瞬时性故障。

2）开关 S_1 重合成功后的供电恢复过程。开关 C：控→合。

供电恢复后的运行工况如表 5-15 所示。

表 5－15　　　　　　　　　　[例 5－5] 供电恢复后的运行工况

故障设置	区域 λ（C－D－G）内瞬时性故障											
开关	S_1	S_2	S_3	B	C	D	E	F	G	H	M	N
状态	合闸	合闸	合闸	合闸	合闸	合闸	分闸	合闸	合闸	分闸	合闸	合闸
流过电流/A	220	170	150	190	110	30	0	80	40	0	70	30

故障处理过程如图 5－6 所示。

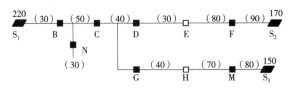

（a）正常运行工况

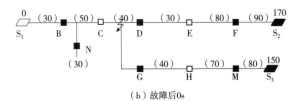

（b）故障后 0s

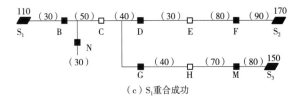

（c）S_1 重合成功

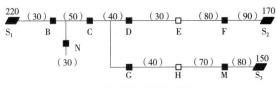

（d）C 合闸，故障处理结束

图 5－6　[例 5－5] 的故障处理过程

【例 5－6】　全断路器开关架空馈线，区域 λ（C－D－G）内永久性故障，无保护配合，多级跳闸。

（1）测试参数。测试参数设置如表 5－16 所示。

表 5－16　　　　　　　　　　[例 5－6] 的测试参数设置

故障设置	区域 λ（C－D－G）内永久性故障											
开关	S_1	S_2	S_3	B	C	D	E	F	G	H	M	N
类型	断路器	断路器	断路器	断路器	断路器	断路器	断路器	断路器	断路器	断路器	断路器	断路器
属性	电源	电源	电源	分段	分段	分段	联络	分段	分段	联络	分段	分段

故障设置	区域λ（C-D-G）内永久性故障											
初始状态	合闸	合闸	合闸	合闸	合闸	合闸	分闸	合闸	合闸	分闸	合闸	合闸
第1次跳闸开关	√			√	√							
第2次跳闸开关	√				√							
重合设置	√	√	√									
拒动设置	不拒动	不拒动	不拒动	不拒动	不拒动	不拒动	不拒动	不拒动	不拒动	不拒动	不拒动	不拒动
故障信息	过流			过流	过流							
流过电流/A	220	170	150	190	110	30	0	80	40	0	70	30
额定电流/A	580	580	580									

注 表中"√"表示将电气元件设置为相应状态。

（2）故障现象。故障现象如表5-17所示。

表5-17　　　　　　　　　　　　[例5-6]的故障现象

故障设置	区域λ（C-D-G）内永久性故障											
开关	S_1	S_2	S_3	B	C	D	E	F	G	H	M	N
状态	分闸后快速重合成功	原状态（合闸）	原状态（合闸）	原状态（合闸）	分闸	原状态（合闸）	原状态（分闸）	原状态（合闸）	原状态（合闸）	原状态（分闸）	原状态（合闸）	原状态（合闸）
流过电流/A	分闸后为0，重合成功后为30，B合闸成功后为110，C合闸失败后为0	170	150	S_1分闸后为0，B合闸成功后为80，C合闸失败后为0	0	0	0	80	0	0	70	B合闸成功后为30，C合闸失败后为0

（3）故障处理。

1）故障定位结果。区域λ（C-D-G）内永久性故障。

2）供电恢复过程。开关S_1重合成功后的最佳策略：

a. 开关B，控→合；开关C，控→合，因合到故障点而导致S_1和开关B再次跳闸，而开关C却没有跳闸。

b. 开关C，控→分；开关D，控→分；开关G，控→分；开关S_1，控→合；开关B，控→合；开关H，控→合；开关E，控→合。

最佳供电恢复后的运行工况如表5-18所示。

表 5-18	[例5-6] 最佳供电恢复后的运行工况										
故障设置	区域λ（C-D-G）内永久性故障										
开关	S_1	S_2	S_3	B	C	D	E	F	G	H	M	N
状态	合闸	合闸	合闸	合闸	分闸	分闸	合闸	合闸	分闸	合闸	合闸	合闸
流过电流/A	110	200	190	80	0	0	30	110	0	40	110	30

故障处理过程如图5-7所示。

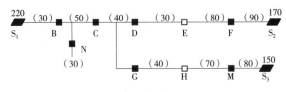

（a）正常运行工况

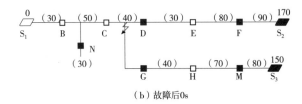

（b）故障后0s

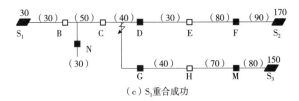

（c）S_1重合成功

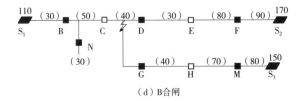

（d）B合闸

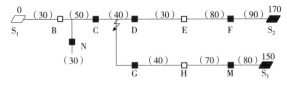

（e）C合闸后，S_1和B越级跳闸

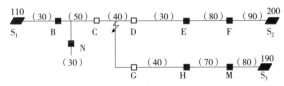

（f）故障处理结束

图5-7 [例5-6]的故障处理过程

【例 5-7】 断路器与负荷开关混合架空馈线，区域 λ（N-）内瞬时性故障，无保护配合，多级跳闸。

（1）测试参数。测试参数设置如表 5-19 所示。

表 5-19　　　　　　　　　　　　　　　[例 5-7] 的测试参数设置

故障设置	区域 λ（N-）内瞬时性故障											
开关	S₁	S₂	S₃	B	C	D	E	F	G	H	M	N
类型	断路器	断路器	断路器	负荷开关	负荷开关	负荷开关	负荷开关	负荷开关	负荷开关	负荷开关	负荷开关	断路器
属性	电源	电源	电源	分段	分段	分段	联络	分段	分段	联络	分段	分段
初始状态	合闸	合闸	合闸	合闸	合闸	合闸	分闸	合闸	合闸	分闸	合闸	合闸
第1次跳闸开关	√											√
第2次跳闸开关												
重合设置	√	√	√									
拒动设置	不拒动	不拒动	不拒动	不拒动	不拒动	不拒动	不拒动	不拒动	不拒动	不拒动	不拒动	不拒动
故障信息	过流			过流								过流
流过电流/A	220	170	150	190	110	30	0	80	40	0	70	30
额定电流/A	580	580	580									

注　表中"√"表示将电气元件设置为相应状态。

（2）故障现象。故障现象如表 5-20 所示。

表 5-20　　　　　　　　　　　　　　　[例 5-7] 的故障现象

故障设置	区域 λ（N-）内瞬时性故障											
开关	S₁	S₂	S₃	B	C	D	E	F	G	H	M	N
状态	分闸后快速重合成功	原状态（合闸）	原状态（合闸）	原状态（合闸）	原状态（合闸）	原状态（合闸）	原状态（分闸）	原状态（合闸）	原状态（合闸）	原状态（分闸）	原状态（合闸）	分闸
流过电流/A	分闸后为 0，重合成功后为 190，N 合闸后为 220	170	150	S₁ 分闸后为 0，S₁ 重合成功后为 160，N 合闸后为 190	S₁ 分闸后为 0，S₁ 重合成功后为 110	S₁ 分闸后为 0，S₁ 重合成功后为 30	0	80	S₁ 分闸后为 0，S₁ 重合成功后为 40	0	70	S₁ 分闸后为 0，N 合闸后为 30

（3）故障处理。

1）故障定位结果。区域 λ（N-）内瞬时性故障。

2）开关 S₁ 重合成功后的供电恢复过程。开关 N，控→合。

供电恢复后的运行工况如表 5-21 所示。

［例 5－7］供电恢复后的运行工况

故障设置	区域 λ（N－）内瞬时性故障											
开关	S_1	S_2	S_3	B	C	D	E	F	G	H	M	N
状态	合闸	合闸	合闸	合闸	合闸	合闸	分闸	合闸	合闸	分闸	合闸	合闸
流过电流/A	220	170	150	190	110	30	0	80	40	0	70	30

故障处理过程如图 5－8 所示。

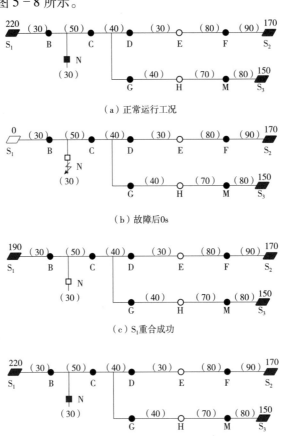

图 5－8 ［例 5－7］的故障处理过程

【例 5－8】 断路器与负荷开关混合架空馈线，区域 λ（N－）内永久性故障，无保护配合，越级跳闸。

（1）测试参数。测试参数设置如表 5－22 所示。

表 5－22 ［例 5－8］的测试参数设置

故障设置	区域 λ（N－）内永久性故障											
开关	S_1	S_2	S_3	B	C	D	E	F	G	H	M	N
类型	断路器	断路器	断路器	负荷开关	负荷开关	负荷开关	负荷开关	负荷开关	负荷开关	负荷开关	负荷开关	断路器
属性	电源	电源	电源	分段	分段	分段	联络	分段	分段	联络	分段	分段

故障设置	区域λ（N-）内永久性故障											
初始状态	合闸	合闸	合闸	合闸	合闸	合闸	分闸	合闸	合闸	分闸	合闸	合闸
第1次跳闸开关	√										√	
第2次跳闸开关	√											
重合设置	√	√	√									
拒动设置	不拒动	不拒动	不拒动	不拒动	不拒动	不拒动	不拒动	不拒动	不拒动	不拒动	不拒动	不拒动
故障信息	过流			过流								过流
流过电流/A	220	170	150	190	110	30	0	80	40	0	70	30
额定电流/A	580	580	580									

注 表中"√"表示将电气元件设置为相应状态。

（2）故障现象。故障现象如表 5-23 所示。

表 5-23 [例 5-8] 的故障现象

故障设置	区域λ（N-）内永久性故障											
开关	S₁	S₂	S₃	B	C	D	E	F	G	H	M	N
状态	分闸后重合成功，N合闸导致S1再次跳闸	原状态（合闸）	原状态（合闸）	原状态（合闸）	原状态（合闸）	原状态（合闸）	原状态（分闸）	原状态（合闸）	原状态（合闸）	原状态（分闸）	原状态（合闸）	分闸
流过电流/A	分闸后为0，重合成功后为190，N合闸导致S1再次跳闸后为0	170	150	S1分闸后为0，S1重合成功后为160，S1再次跳闸后为0	S1分闸后为0，S1重合成功后为110，S1再次跳闸后为0	S1分闸后为0，S1重合成功后为30，S1再次跳闸后为0	0	80	S1分闸后为0，S1重合成功后为40，S1再次跳闸后为0	0	70	0

（3）故障处理。

1）故障定位结果。区域 λ（N-）内永久性故障。

2）开关 S₁ 重合成功后的供电恢复过程。

a. 开关 N：控→合，导致合到故障点而使开关 S₁ 再次跳闸，而开关 N 却没有跳闸。

b. 开关 N：控→分；开关 S₁，控→合。

最佳供电恢复后的运行工况如表5-24所示。

故障处理过程如图5-9所示。

表5-24 [例5-8] 最佳供电恢复后的运行工况

故障设置	区域λ（N-）内永久性故障											
开关	S_1	S_2	S_3	B	C	D	E	F	G	H	M	N
状态	合闸	合闸	合闸	合闸	合闸	合闸	分闸	合闸	合闸	分闸	合闸	分闸
流过电流/A	190	170	150	160	110	30	0	80	40	0	70	0

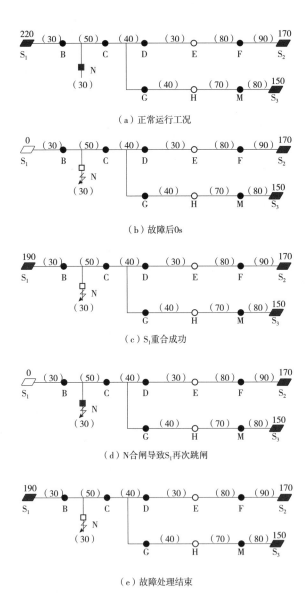

（a）正常运行工况

（b）故障后0s

（c）S_1重合成功

（d）N合闸导致S_1再次跳闸

（e）故障处理结束

图5-9 [例5-8] 的故障处理过程

【例 5-9】 断路器与负荷开关混合架空馈线，区域 λ（N-）内永久性故障，开关 N 与开关 S_1 实现两级级差保护配合，避免越级跳闸和多重跳闸。

（1）测试参数。测试参数设置如表 5-25 所示。

表 5-25 　　　　　　　　　　　　　　　［例 5-9］的测试参数设置

故障设置	区域 λ（N-）内永久性故障											
开关	S_1	S_2	S_3	B	C	D	E	F	G	H	M	N
类型	断路器	断路器	断路器	负荷开关	负荷开关	负荷开关	负荷开关	负荷开关	负荷开关	负荷开关	负荷开关	断路器
属性	电源	电源	电源	分段	分段	分段	联络	分段	分段	联络	分段	分段
初始状态	合闸	合闸	合闸	合闸	合闸	合闸	分闸	合闸	合闸	分闸	合闸	合闸
第 1 次跳闸开关												√
第 2 次跳闸开关												√
重合设置	√	√	√									
拒动设置	不拒动	不拒动	不拒动	不拒动	不拒动	不拒动	不拒动	不拒动	不拒动	不拒动	不拒动	不拒动
故障信息	过流			过流								过流
流过电流/A	220	170	150	190	110	30	0	80	40	0	70	30
额定电流/A	580	580	580									

注　表中"√"将电气元件设置为相应状态。

（2）故障现象。故障现象如表 5-26 所示。

表 5-26 　　　　　　　　　　　　　　　［例 5-9］的故障现象

故障设置	区域 λ（N-）内永久性故障											
开关	S_1	S_2	S_3	B	C	D	E	F	G	H	M	N
状态	原状态（合闸）	原状态（合闸）	原状态（合闸）	原状态（合闸）	原状态（合闸）	原状态（合闸）	原状态（分闸）	原状态（合闸）	原状态（合闸）	原状态（分闸）	原状态（合闸）	分闸
流过电流/A	N 分闸后为 190	170	150	N 分闸后为 160	110	30	0	80	40	0	70	0

（3）故障处理。

1）故障定位结果。区域 λ（N-）内永久性故障。

2）N 保护动作跳闸后的供电恢复过程。最佳策略：开关 N，控→合，导致合到故障点而开关 N 再次跳闸，故障处理结束。

最佳供电恢复后的运行工况如表 5-27 所示。

故障处理过程如图 5-10 所示。

表 5 - 27   [例 5 - 9] 最佳供电恢复后的运行工况

故障设置	区域 λ（N-）内永久性故障											
开关	S_1	S_2	S_3	B	C	D	E	F	G	H	M	N
状态	合闸	合闸	合闸	合闸	合闸	合闸	分闸	合闸	合闸	分闸	合闸	分闸
流过电流/A	190	170	150	160	110	30	0	80	40	0	70	0

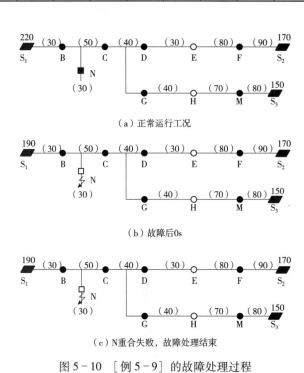

（a）正常运行工况

（b）故障后0s

（c）N重合失败，故障处理结束

图 5 - 10 [例 5 - 9] 的故障处理过程

5.2 电缆配电网基本故障处理测试用例

5.2.1 测试接线图

电缆网基本故障处理测试接线图如图 5 - 11 所示。

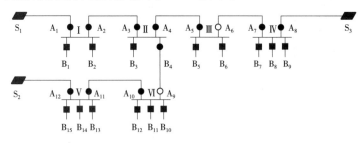

图 5 - 11 一个电缆配电网

5.2.2 测试情况举例

【例 5 - 10】 区域 λ（A_2-A_3）内永久性故障，开关 S_2 馈线负荷重，开关 S_3 馈线负荷轻，S_1、S_2、S_3 所带馈线的额定容量均为 500A。

（1）测试参数。测试参数设置如表5－28所示。

表5－28 ［例5－10］的测试参数设置

故障设置	区域λ（A_2－A_3）内永久性故障
断路器	S_1、S_2、S_3、B_1、B_2、B_3、B_5、B_6、B_7、B_8、B_9、B_{10}、B_{11}、B_{12}、B_{13}、B_{14}、B_{15}
负荷开关	B_4、A_1、A_2、A_3、A_4、A_5、A_6、A_7、A_8、A_9、A_{10}、A_{11}、A_{12}
电源点	S_1、S_2、S_3
初始合闸状态开关	S_1、S_2、S_3、A_1、A_2、A_3、A_4、A_5、A_7、A_8、A_{10}、A_{11}、A_{12}、 B_1、B_2、B_3、B_4、B_5、B_6、B_7、B_8、B_9、B_{10}、B_{11}、B_{12}、B_{13}、B_{14}、B_{15}
初始分闸状态开关	A_6、A_9
跳闸开关	S_1
重合开关	无
拒动开关	无
过流开关	S_1、A_1、A_2
流过电流/A	如图5－12所示

（2）故障处理。

1）故障定位结果。区域λ（A_2－A_3）内永久性故障。

2）供电恢复过程。最佳策略：开关A_2，控→分；开关A_3，控→分；开关S_1，控→合；开关A_6，控→合。

故障处理过程如图5－12所示。

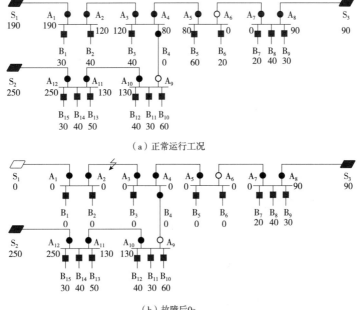

（a）正常运行工况

（b）故障后0s

图5－12（一） ［例5－10］的故障处理过程

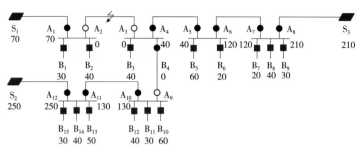

（c）故障处理结束

图 5-12（二）　［例 5-10］的故障处理过程

【例 5-11】　区域 λ（A₂-A₃）内永久性故障，开关 S₃ 馈线负荷重，开关 S₂ 馈线负荷轻，S₁、S₂、S₃ 所带馈线额定容量均为 500A。

（1）测试参数。测试参数设置与表 5-28 所示的［例 5-10］的设置相似，只是流过开关电流如图 5-13 所示。

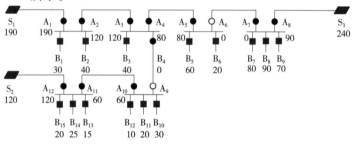

（a）正常运行工况

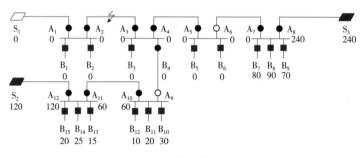

（b）故障后 0s

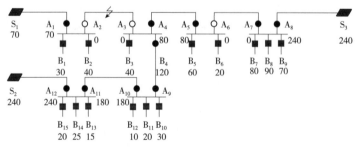

（c）故障处理结束

图 5-13　［例 5-11］的故障处理过程

（2）故障处理。

1）故障定位结果。区域 λ（A₂-A₃）内永久性故障。

2）供电恢复过程。最佳策略：开关 A₂，控→分；开关 A₃，控→分；开关 S₁，控→合；开关 A₉，控→合。

故障处理过程如图 5-13 所示。

【例 5-12】 区域 λ（A₂-A₃）内永久性故障，开关 S₃ 和开关 S₂ 馈线负荷均重，需要甩负荷，S₁、S₂、S₃ 所带馈线额定容量均为 500A。

（1）测试参数。测试参数设置与表 5-28 所示的［例 5-10］的设置相似，只是流过开关电流如图 5-14 所示。

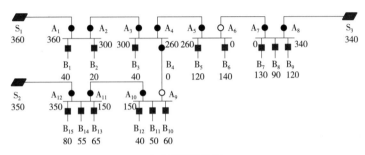

（a）正常运行工况

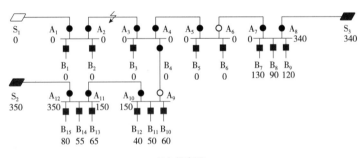

（b）故障后0s

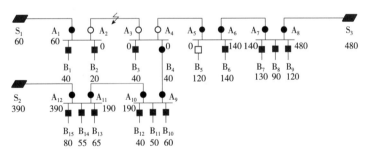

（c）故障处理结束

图 5-14　［例 5-12］的故障处理过程

（2）故障处理。

1）故障定位结果。区域 λ（A₂-A₃）内永久性故障。

2）供电恢复过程。最佳策略：开关 A_2，控→分；开关 A_3，控→分；开关 S_1，控→合；开关 A_4，控→分；开关 A_9，控→合；开关 B_5，控→分；开关 A_6，控→合。

故障处理过程如图 5 - 14 所示。

【例 5 - 13】　母线 II 永久故障。

（1）测试参数。测试参数设置如表 5 - 29 所示。

表 5 - 29　　　　　　　　　　　　　［例 5 - 13］的测试参数设置

故障设置	母线 II 永久性故障
断路器	S_1、S_2、S_3、B_1、B_2、B_3、B_5、B_6、B_7、B_8、B_9、B_{10}、B_{11}、B_{12}、B_{13}、B_{14}、B_{15}
负荷开关	B_4、A_1、A_2、A_3、A_4、A_5、A_6、A_7、A_8、A_9、A_{10}、A_{11}、A_{12}
电源点	S_1、S_2、S_3
初始合闸状态开关	S_1、S_2、S_3、A_1、A_2、A_3、A_4、A_5、A_7、A_8、A_{10}、A_{11}、A_{12}、B_1、B_2、B_3、B_4、B_5、B_6、B_7、B_8、B_9、B_{10}、B_{11}、B_{12}、B_{13}、B_{14}、B_{15}
初始分闸状态开关	A_6、A_9
跳闸开关	S_1
重合开关	无
拒动开关	无
过流开关	S_1、A_1、A_2、A_3
流过电流/A	如图 5 - 15 所示

（2）故障处理。

1）故障定位结果。母线 II 永久性故障。

2）供电恢复过程。最佳策略：开关 A_2，控→分；开关 A_5，控→分；开关 S_1，控→合；开关 A_6，控→合。

故障处理过程如图 5 - 15 所示。

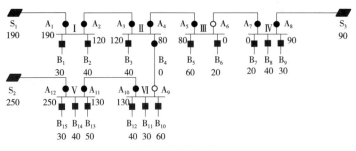

（a）正常运行工况

图 5 - 15（一）　［例 5 - 13］的故障处理过程

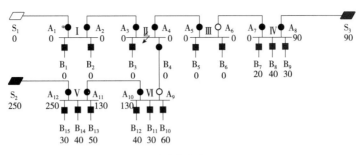

（b）故障后0s

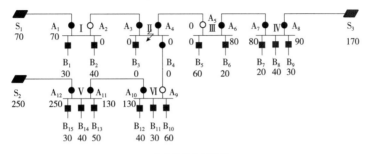

（c）故障处理结束

图 5－15（二）　［例 5－13］的故障处理过程

【例 5－14】　开关 B_5 下游负荷侧永久故障，无保护配合，多级跳闸。

（1）测试参数。测试参数设置如表 5－30 所示。

表 5－30　　　　　　　　　　　　　［例 5－14］的测试参数设置

故障设置	开关 B_5 下游负荷侧永久故障
断路器	S_1、S_2、S_3、B_1、B_2、B_3、B_5、B_6、B_7、B_8、B_9、B_{10}、B_{11}、B_{12}、B_{13}、B_{14}、B_{15}
负荷开关	B_4、A_1、A_2、A_3、A_4、A_5、A_6、A_7、A_8、A_9、A_{10}、A_{11}、A_{12}
电源点	S_1、S_2、S_3
初始合闸状态开关	S_1、S_2、S_3、A_1、A_2、A_3、A_4、A_5、A_7、A_8、A_{10}、A_{11}、A_{12}、B_1、B_2、B_3、B_4、B_5、B_6、B_7、B_8、B_9、B_{10}、B_{11}、B_{12}、B_{13}、B_{14}、B_{15}
初始分闸状态开关	A_6、A_9
跳闸开关	S_1、B_5
重合开关	无
拒动开关	无
过流开关	S_1、A_1、A_2、A_3、A_4、A_5、B_5
流过电流/A	如图 5－16 所示

（2）故障处理。

1）故障定位结果。开关 B_5 下游负荷侧永久故障。

2）供电恢复过程。开关 S_1，控→合。

故障处理过程如图 5－16 所示。

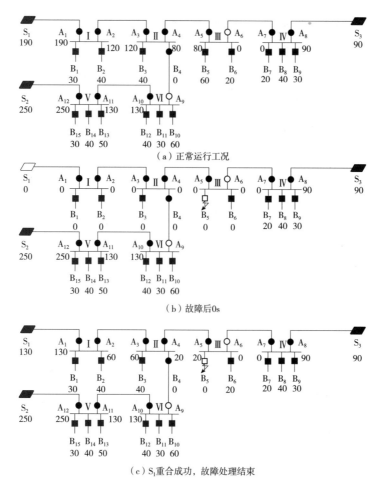

图 5-16 ［例 5-14］的故障处理过程

【例 5-15】 开关 B_5 下游负荷侧永久故障，开关 B_5 与开关 S_1 实现两级级差保护配合，有效避免了多级跳闸和越级跳闸。

（1）测试参数。测试参数设置如表 5-31 所示。

表 5-31　　　　　　　　［例 5-15］的测试参数设置

故障设置	开关 B_5 下游负荷侧永久故障
断路器	S_1、S_2、S_3、B_1、B_2、B_3、B_5、B_6、B_7、B_8、B_9、B_{10}、B_{11}、B_{12}、B_{13}、B_{14}、B_{15}
负荷开关	B_4、A_1、A_2、A_3、A_4、A_5、A_6、A_7、A_8、A_9、A_{10}、A_{11}、A_{12}
电源点	S_1、S_2、S_3
初始合闸状态开关	S_1、S_2、S_3、A_1、A_2、A_3、A_4、A_5、A_7、A_8、A_{10}、A_{11}、A_{12}、B_1、B_2、B_3、B_4、B_5、B_6、B_7、B_8、B_9、B_{10}、B_{11}、B_{12}、B_{13}、B_{14}、B_{15}
初始分闸状态开关	A_6、A_9
跳闸开关	B_5
重合开关	无

拒动开关	无
过流开关	S_1、A_1、A_2、A_3、A_4、A_5、B_5
流过电流/A	如图 5－17 所示

（2）故障处理。

1）故障定位结果。开关 B_5 下游负荷侧永久故障。

2）供电恢复过程。无需操作任何开关。

故障处理过程如图 5－17 所示。

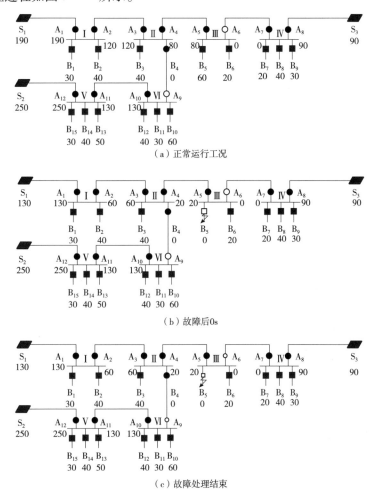

图 5－17 ［例 5－15］的故障处理过程

5.3 架空配电网容错故障处理测试用例

5.3.1 测试接线图

仍采用如图 5－1 所示的架空网作为架空配电网容错故障处理测试接线图。

5.3.2 测试情况举例

【例5-16】 全负荷开关架空馈线，区域 λ（D-E）内永久性故障，开关B漏报故障信息。

（1）测试参数。测试参数设置如表5-32所示。

表5-32　　　　　　　　　　　　[例5-16]的测试参数设置

故障设置	区域 λ（D-E）内永久性故障										
开关	S_1	S_2	S_3	B	C	D	E	F	G	H	M	N
类型	断路器	断路器	断路器	负荷开关	负荷开关	负荷开关	负荷开关	负荷开关	负荷开关	负荷开关	负荷开关	负荷开关
属性	电源	电源	电源	分段	分段	分段	联络	分段	分段	联络	分段	分段
初始状态	合闸	合闸	合闸	合闸	合闸	合闸	分闸	合闸	合闸	分闸	合闸	合闸
第1次跳闸开关	√											
第2次跳闸开关	√											
重合设置	√	√	√									
拒动设置	不拒动	不拒动	不拒动	不拒动	不拒动	不拒动	不拒动	不拒动	不拒动	不拒动	不拒动	不拒动
故障信息	过流				过流	过流						
流过电流/A	220	170	150	190	110	30	0	80	40	0	70	30

注　表中"√"表示将电气元件设置为相应状态。

（2）故障现象。故障现象如表5-33所示。

表5-33　　　　　　　　　　　　[例5-16]的故障现象

故障设置	区域 λ（D-E）内永久性故障										
开关	S_1	S_2	S_3	B	C	D	E	F	G	H	M	N
状态	分闸后重合失败	原状态（合闸）	原状态（合闸）	原状态（合闸）	原状态（合闸）	原状态（合闸）	原状态（分闸）	原状态（合闸）	原状态（合闸）	原状态（分闸）	原状态（合闸）	原状态（合闸）
流过电流/A	0	170	150	0	0	0	0	80	40	0	70	30

（3）故障处理。

1）故障定位结果。区域 λ（D-E）内永久性故障。

2）S_1 重合失败后的供电恢复过程。开关D，控→分；开关S_1，控合。

供电恢复后的运行工况如表5-34所示。

表5-34　　　　　　　　　　　　[例5-16]供电恢复后的运行工况

故障设置	区域 λ（D-E）内永久性故障										
开关	S_1	S_2	S_3	B	C	D	E	F	G	H	M	N
状态	合闸	合闸	合闸	合闸	合闸	分闸	分闸	合闸	合闸	分闸	合闸	合闸
流过电流/A	190	170	150	160	80	0	0	80	40	0	70	30

故障处理过程如图 5-18 所示。

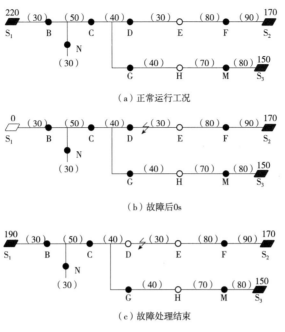

（a）正常运行工况

（b）故障后0s

（c）故障处理结束

图 5-18　［例 5-16］的故障处理过程

【例 5-17】　全负荷开关架空馈线，区域 λ（C-D-G）内永久性故障，开关 B 漏报故障信息。

（1）测试参数。测试参数设置如表 5-35 所示。

表 5-35　　　　　　　　　　　　　　　　［例 5-17］的测试参数设置

故障设置	区域 λ（C-D-G）内永久性故障											
开关	S_1	S_2	S_3	B	C	D	E	F	G	H	M	N
类型	断路器	断路器	断路器	负荷开关	负荷开关	负荷开关	负荷开关	负荷开关	负荷开关	负荷开关	负荷开关	负荷开关
属性	电源	电源	电源	分段	分段	分段	联络	分段	分段	联络	分段	分段
初始状态	合闸	合闸	合闸	合闸	合闸	合闸	分闸	合闸	合闸	分闸	合闸	合闸
第 1 次跳闸开关	√											
第 2 次跳闸开关	√											
重合设置	√	√	√									
拒动设置	不拒动	不拒动	不拒动	不拒动	不拒动	不拒动	不拒动	不拒动	不拒动	不拒动	不拒动	不拒动
故障信息	过流				过流							
流过电流/A	220	170	150	190	110	30	0	80	40	0	70	30

注　表中"√"表示将电气元件设置为相应状态。

（2）故障现象。故障现象如表 5-36 所示。

故障设置	区域λ（C-D-G)内永久性故障										
开关	S_1	S_2	S_3	B	C	D	E	F	G	H	M	N
状态	分闸后重合失败	原状态（合闸）	原状态（合闸）	原状态（合闸）	原状态（合闸）	原状态（合闸）	原状态（分闸）	原状态（合闸）	原状态（合闸）	原状态（分闸）	原状态（合闸）	原状态（合闸）
流过电流/A	0	170	150	0	0	0	0	80	40	0	70	30

表 5-36　　　　　　　　　　　　　　［例 5-17］的故障现象

（3）故障处理。

1）故障定位结果。区域λ（C-D-G)内永久性故障。

2）S_1 重合失败后的供电恢复过程。开关 C，控→分；开关 D，控→分；开关 G，控→分；开关 S_1，控合；开关 E，控→合；开关 H，控→合。

供电恢复后的运行工况如表 5-37 所示。

表 5-37　　　　　　　　　　　　［例 5-17］供电恢复后的运行工况

故障设置	区域λ（C-D-G)内永久性故障										
开关	S_1	S_2	S_3	B	C	D	E	F	G	H	M	N
状态	合闸	合闸	合闸	合闸	分闸	分闸	合闸	合闸	分闸	合闸	合闸	合闸
流过电流/A	110	200	190	80	0	0	30	110	0	40	110	30

故障处理过程如图 5-19 所示。

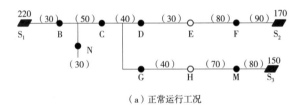

（a）正常运行工况

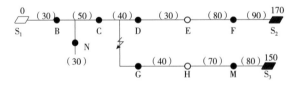

（b）故障后0s

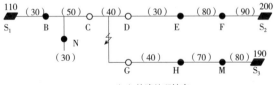

（c）故障处理结束

图 5-19　［例 5-17］的故障处理过程

【例 5-18】 全负荷开关架空馈线，区域 λ（C-D-G）内永久性故障，开关 C 拒分。

（1）测试参数。测试参数设置如表 5-38 所示。

表 5-38 　　　　　　　　　　　[例 5-18] 的测试参数设置

故障设置	区域 λ（C-D-G）内永久性故障											
开关	S_1	S_2	S_3	B	C	D	E	F	G	H	M	N
类型	断路器	断路器	断路器	负荷开关	负荷开关	负荷开关	负荷开关	负荷开关	负荷开关	负荷开关	负荷开关	负荷开关
属性	电源	电源	电源	分段	分段	分段	联络	分段	分段	联络	分段	分段
初始状态	合闸	合闸	合闸	合闸	合闸	合闸	分闸	合闸	合闸	分闸	合闸	合闸
第 1 次跳闸开关	√											
第 2 次跳闸开关	√											
重合设置	√	√	√									
拒动设置	不拒动	不拒动	不拒动	不拒动	拒动	不拒动	不拒动	不拒动	不拒动	不拒动	不拒动	不拒动
故障信息	过流			过流	过流							
流过电流/A	220	170	150	190	110	30	0	80	40	0	70	30

注 表中"√"表示将电气元件设置为相应状态。

（2）故障现象。故障现象如表 5-39 所示。

表 5-39 　　　　　　　　　　　[例 5-18] 的故障现象

故障设置	区域 λ（C-D-G）内永久性故障											
开关	S_1	S_2	S_3	B	C	D	E	F	G	H	M	N
状态	分闸后重合失败	原状态（合闸）	原状态（合闸）	原状态（合闸）	原状态（合闸）	原状态（合闸）	原状态（分闸）	原状态（合闸）	原状态（合闸）	原状态（分闸）	原状态（合闸）	原状态（合闸）
流过电流/A	0	170	150	0	0	0	0	80	40	0	70	30

（3）故障处理。

1）故障定位结果。区域 λ（C-D-G）内永久性故障。

2）S_1 重合失败后的供电恢复过程。开关 C，控→分，若开关 C 拒分，则令开关 B，控→分；开关 D，控→分；开关 G，控→分；开关 S_1，控→合；开关 E，控→合；开关 H，控→合。

供电恢复后的运行工况如表 5-40 所示。

表 5-40 　　　　　　　　　　　[例 5-18] 供电恢复后的运行工况

故障设置	区域 λ（C-D-G）内永久性故障											
开关	S_1	S_2	S_3	B	C	D	E	F	G	H	M	N
状态	合闸	合闸	合闸	分闸	合闸	分闸	合闸	合闸	分闸	合闸	合闸	合闸
流过电流/A	30	200	190	0	0	0	30	110	0	40	110	0

故障处理过程如图 5–20 所示。

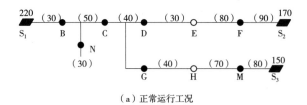

（a）正常运行工况

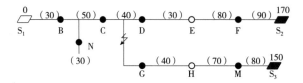

（b）故障时S₁跳闸，随后重合失败

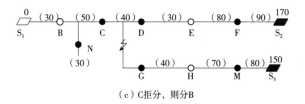

（c）C拒分，则分B

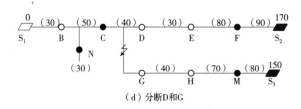

（d）分断D和G

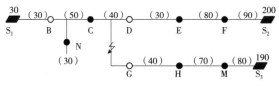

（e）合S₁、E和H，故障处理结束

图 5–20　［例 5–18］的故障处理过程

【例 5–19】　全负荷开关架空馈线，区域 λ（B–C–N）内永久性故障，开关 H
拒合。

（1）测试参数。测试参数设置如表 5–41 所示。

表 5－41 　　　　　　　　　　　　　　［例 5－19］的测试参数设置

故障设置	区域 λ（B－C－N）内永久性故障											
开关	S_1	S_2	S_3	B	C	D	E	F	G	H	M	N
类型	断路器	断路器	断路器	负荷开关	负荷开关	负荷开关	负荷开关	负荷开关	负荷开关	负荷开关	负荷开关	负荷开关
属性	电源	电源	电源	分段	分段	分段	联络	分段	分段	联络	分段	分段
初始状态	合闸	合闸	合闸	合闸	合闸	合闸	分闸	合闸	合闸	分闸	合闸	合闸
第 1 次跳闸开关	√											
第 2 次跳闸开关	√											
重合设置	√	√	√									
拒动设置	不拒动	不拒动	不拒动	不拒动	不拒动	不拒动	不拒动	不拒动	不拒动	拒动	不拒动	不拒动
故障信息	过流				过流							
流过电流/A	220	170	150	190	110	30	0	80	40	0	70	30

注　表中"√"表示将电气元件设置为相应状态。

（2）故障现象。故障现象如表 5－42 所示。

表 5－42 　　　　　　　　　　　　　　［例 5－19］的故障现象

故障设置	区域 λ（B－C－N）内永久性故障											
开关	S_1	S_2	S_3	B	C	D	E	F	G	H	M	N
状态	分闸后重合失败	原状态（合闸）	原状态（合闸）	原状态（合闸）	原状态（合闸）	原状态（合闸）	原状态（分闸）	原状态（合闸）	原状态（合闸）	原状态（分闸）	原状态（合闸）	原状态（合闸）
流过电流/A	0	170	150	0	0	0	0	80	40	0	70	30

（3）故障处理。

1）故障定位结果。区域 λ（B－C－N）内永久性故障。

2）开关 S_1 重合失败后的供电恢复过程。开关 B，控→分；开关 C，控→分；开关 S_1，控→合；开关 H，控→合，但开关 H 拒合；开关 E，控→合。

供电恢复后的运行工况如表 5－43 所示。

表 5－43 　　　　　　　　　　　　　　［例 5－19］供电恢复后的运行工况

故障设置	区域 λ（B－C－N）内永久性故障											
开关	S_1	S_2	S_3	B	C	D	E	F	G	H	M	N
状态	合闸	合闸	合闸	分闸	分闸	合闸	合闸	合闸	合闸	分闸	合闸	合闸
流过电流/A	30	280	150	0	0	80	110	190	40	0	70	0

故障处理过程如图 5－21 所示。

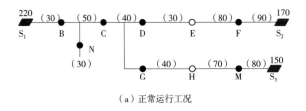

（a）正常运行工况

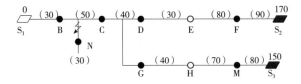

（b）故障时S₁跳闸，随后重合失败

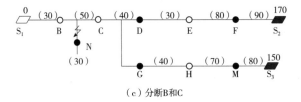

（c）分断B和C

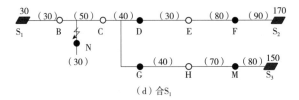

（d）合S₁

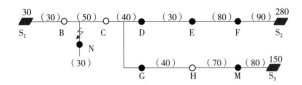

（e）H拒合，令E合闸，故障处理结束

图5－21　［例5－19］的故障处理过程

5.4　电缆配电网容错故障处理测试用例

5.4.1　测试接线图

仍采用如图5－11所示的电缆网作为架空配电网容错故障处理测试接线图。

5.4.2　测试情况举例

【例5－20】　区域λ（A₄－A₅）内永久性故障，开关A₂漏报故障信息。

（1）测试参数。测试参数设置如表5－44所示。

表 5-44	[例 5-20] 的测试参数设置
故障设置	区域 λ（A_4－A_5）内永久性故障
断路器	S_1、S_2、S_3、B_1、B_2、B_3、B_5、B_6、B_7、B_8、B_9、B_{10}、B_{11}、B_{12}、B_{13}、B_{14}、B_{15}
负荷开关	B_4、A_1、A_2、A_3、A_4、A_5、A_6、A_7、A_8、A_9、A_{10}、A_{11}、A_{12}
电源点	S_1、S_2、S_3
初始合闸状态开关	S_1、S_2、S_3、A_1、A_2、A_3、A_4、A_5、A_7、A_8、A_{10}、A_{11}、A_{12}、 B_1、B_2、B_3、B_4、B_5、B_6、B_7、B_8、B_9、B_{10}、B_{11}、B_{12}、B_{13}、B_{14}、B_{15}
初始分闸状态开关	A_6、A_9
跳闸开关	S_1
重合开关	无
拒动开关	无
过流开关	S_1、A_1、A_3、A_4
流过电流/A	如图 5-22 所示

（2）故障处理。

1）故障定位结果。区域 λ（A_4－A_5）内永久性故障。

2）供电恢复过程。最佳策略：开关 A_4，控→分；开关 A_5，控→分；开关 S_1，控→合；开关 A_6，控→合。

故障处理过程如图 5-22 所示。

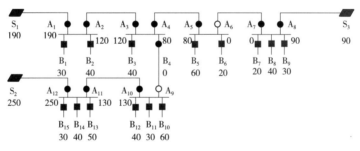

（a）正常运行工况

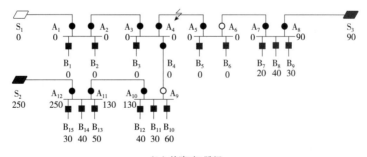

（b）故障时 S_1 跳闸

图 5-22（一） [例 5-20] 的故障处理过程

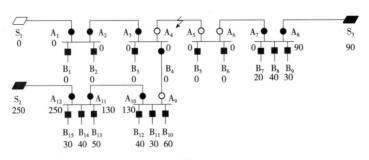

（c）分断A₄和A₅

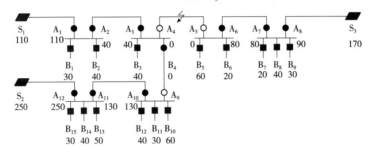

（d）故障处理结束

图 5 - 22（二） ［例 5 - 20］的故障处理过程

【例 5 - 21】 区域 λ（A_{10} - A_{11}）内永久性故障，开关 A_{12} 漏报故障信息。

（1）测试参数。测试参数设置如表 5 - 45 所示。

表 5 - 45 ［例 5 - 21］的测试参数设置

故障设置	区域 λ（A_{10} - A_{11}）内永久性故障
断路器	S_1、S_2、S_3、B_1、B_2、B_3、B_5、B_6、B_7、B_8、B_9、B_{10}、B_{11}、B_{12}、B_{13}、B_{14}、B_{15}
负荷开关	B_4、A_1、A_2、A_3、A_4、A_5、A_6、A_7、A_8、A_9、A_{10}、A_{11}、A_{12}
电源点	S_1、S_2、S_3
初始合闸状态开关	S_1、S_2、S_3、A_1、A_2、A_3、A_4、A_5、A_7、A_8、A_{10}、A_{11}、A_{12}、 B_1、B_2、B_3、B_4、B_5、B_6、B_7、B_8、B_9、B_{10}、B_{11}、B_{12}、B_{13}、B_{14}、B_{15}
初始分闸状态开关	A_6、A_9
跳闸开关	S_2
重合开关	无
拒动开关	无
过流开关	S_2、A_{11}
流过电流/A	如图 5 - 23 所示

（2）故障处理。

1）故障定位结果。区域 λ（A_{10} - A_{11}）内永久性故障。

2）供电恢复过程。最佳策略：开关 A_{10}，控→分；开关 A_{11}，控→分；开关 S_2，控→

合；开关 A_9，控→合；开关 A_4，控→分；开关 A_6，控→合。

故障处理过程如图 5－23 所示。

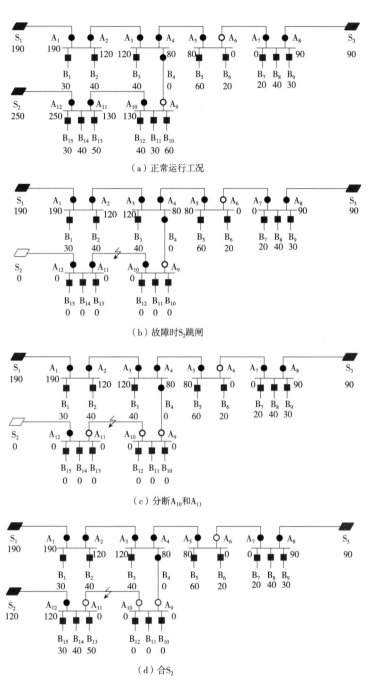

图 5－23（一） ［例 5－21］的故障处理过程

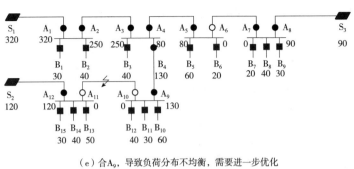

（e）合A_9，导致负荷分布不均衡，需要进一步优化

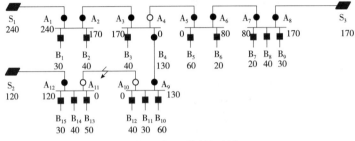

（f）分A_4，合A_6，故障处理结束

图 5-23（二）　[例 5-21] 的故障处理过程

【例 5-22】　开关 B_3 下游区域永久性故障，开关 B_3 拒分。

（1）测试参数。测试参数设置如表 5-46 所示。

表 5-46　　　　　　　　　　　　[例 5-22] 的测试参数设置

故障设置	开关 B_3 下游区域永久性故障
断路器	S_1、S_2、S_3、B_1、B_2、B_3、B_5、B_6、B_7、B_8、B_9、B_{10}、B_{11}、B_{12}、B_{13}、B_{14}、B_{15}
负荷开关	B_4、A_1、A_2、A_3、A_4、A_5、A_6、A_7、A_8、A_9、A_{10}、A_{11}、A_{12}
电源点	S_1、S_2、S_3
初始合闸状态开关	S_1、S_2、S_3、A_1、A_2、A_3、A_4、A_5、A_7、A_8、A_{10}、A_{11}、A_{12}、 B_1、B_2、B_3、B_4、B_5、B_6、B_7、B_8、B_9、B_{10}、B_{11}、B_{12}、B_{13}、B_{14}、B_{15}
初始分闸状态开关	A_6、A_9
跳闸开关	S_1
重合开关	无
拒动开关	B_3
过流开关	S_1、A_1、A_2、A_3、B_3
流过电流/A	如图 5-24 所示

（2）故障处理。

1）故障定位结果。开关 B_3 下游区域永久性故障。

2）供电恢复过程。最佳策略：开关 B_3，控→分，但是其拒分；开关 A_2，控→分；开关 A_5，控→分；开关 S_1，控→合；开关 A_6，控→合。

故障处理过程如图 5-24 所示。

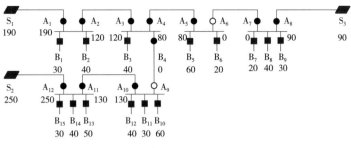

（a）正常运行工况

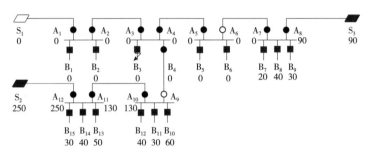

（b）故障时 S_1 跳闸

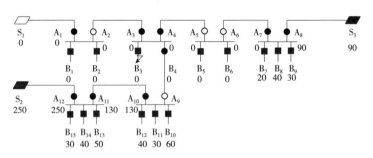

（c）因 B_3 拒分，相当于母线故障，分断 A_2 和 A_5

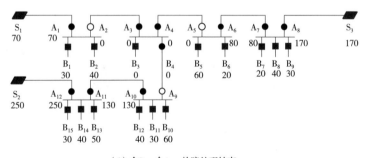

（d）合 S_1，合 A_6，故障处理结束

图 5-24　［例 5-22］的故障处理过程

【例 5-23】　区域 λ（A_2-A_3）永久性故障，开关 A_6 拒合。

（1）测试参数。测试参数设置如表5-47所示。

表5-47　　　　　　　　　　[例5-23]的测试参数设置

故障设置	区域λ（$A_2 - A_3$）永久性故障
断路器	S_1、S_2、S_3、B_1、B_2、B_3、B_5、B_6、B_7、B_8、B_9、B_{10}、B_{11}、B_{12}、B_{13}、B_{14}、B_{15}
负荷开关	B_4、A_1、A_2、A_3、A_4、A_5、A_6、A_7、A_8、A_9、A_{10}、A_{11}、A_{12}
电源点	S_1、S_2、S_3
初始合闸状态开关	S_1、S_2、S_3、A_1、A_2、A_3、A_4、A_5、A_7、A_8、A_{10}、A_{11}、A_{12}、B_1、B_2、B_3、B_4、B_5、B_6、B_7、B_8、B_9、B_{10}、B_{11}、B_{12}、B_{13}、B_{14}、B_{15}
初始分闸状态开关	A_6、A_9
跳闸开关	S_1
重合开关	无
拒动开关	A_6
过流开关	S_1、A_1、A_2
流过电流/A	如图5-25所示

（2）故障处理。

1）故障定位结果。区域λ（$A_2 - A_3$）永久性故障。

2）供电恢复过程。最佳策略：开关A_2，控→分；开关A_3，控→分；开关S_1，控→合；开关A_6，控→合，但其拒合；开关A_9，控→合。

故障处理过程如图5-25所示。

（a）正常运行工况

（b）故障时S_1跳闸

图5-25（一）　[例5-23]的故障处理过程

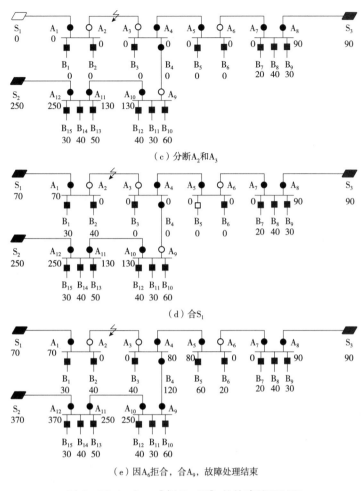

（c）分断A₂和A₃

（d）合S₁

（e）因A₆拒合，合A₉，故障处理结束

图 5-25（二） ［例 5-23］的故障处理过程

5.5 模式化接线架空配电网故障处理测试用例

5.5.1 测试接线图

3 分段 3 联络模式化接线架空配电网故障处理的测试接线图如图 5-26 所示，S_1、S_2、S_3、S_4 所带各条馈线的额载流量均为 320A。

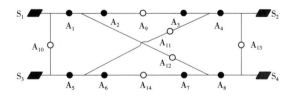

图 5-26 3 分段 3 联络模式化接线架空配电网

5.5.2 测试情况举例

【例 5-24】 全负荷开关架空馈线，区域 λ（A_1-A_2）内永久性故障。

（1）测试参数。测试参数设置如表 5－48 所示。

表 5－48　　　　　　　　　　［例 5－24］的测试参数设置

故障设置	区域 λ（A_1－A_2）永久性故障
断路器	S_1、S_2、S_3、S_4
负荷开关	A_1、A_2、A_3、A_4、A_5、A_6、A_7、A_8、A_9、A_{10}、A_{11}、A_{12}、A_{13}、A_{14}
电源点	S_1、S_2、S_3、S_4
初始合闸状态开关	S_1、S_2、S_3、S_4、A_1、A_2、A_3、A_4、A_5、A_6、A_7、A_8
初始分闸状态开关	A_9、A_{10}、A_{11}、A_{12}、A_{13}、A_{14}
跳闸开关	S_1
重合开关	S_1
拒动开关	无
过流开关	S_1、A_1
流过电流/A	如图 5－27 所示

（2）故障处理。

1）故障定位结果。区域 λ（A_1－A_2）永久性故障。

2）开关 S_1 重合失败后的供电恢复过程。

最佳策略：开关 A_1，控→分；开关 A_2，控→分；开关 S_1，控→合；开关 A_9，控→合。

故障处理过程如图 5－27 所示。

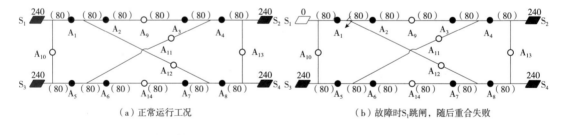

（a）正常运行工况　　　　　　　　　　　（b）故障时 S_1 跳闸，随后重合失败

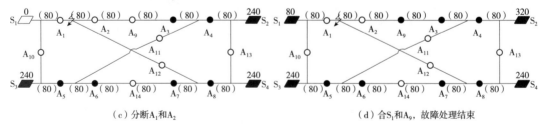

（c）分断 A_1 和 A_2　　　　　　　　　　（d）合 S_1 和 A_9，故障处理结束

图 5－27　［例 5－24］的故障处理过程

【例 5－25】　全负荷开关架空馈线，区域 λ（S_1－A_1）内永久性故障。

（1）测试参数。测试参数设置如表 5－49 所示。

表 5-49   [例 5-25] 的测试参数设置

故障设置	区域 λ（$S_1 - A_1$）永久性故障
断路器	S_1、S_2、S_3、S_4
负荷开关	A_1、A_2、A_3、A_4、A_5、A_6、A_7、A_8、A_9、A_{10}、A_{11}、A_{12}、A_{13}、A_{14}
电源点	S_1、S_2、S_3、S_4
初始合闸状态开关	S_1、S_2、S_3、S_4、A_1、A_2、A_3、A_4、A_5、A_6、A_7、A_8
初始分闸状态开关	A_9、A_{10}、A_{11}、A_{12}、A_{13}、A_{14}
跳闸开关	S_1
重合开关	S_1
拒动开关	无
过流开关	S_1
流过电流/A	如图 5-28 所示

（2）故障处理。

1）故障定位结果。区域 λ（$S_1 - A_1$）永久性故障。

2）开关 S_1 重合失败后的供电恢复过程。最佳策略：开关 A_1，控→分；开关 A_2，控→分；开关 A_{12}，控→合；开关 A_9，控→合。

故障处理过程如图 5-28 所示。

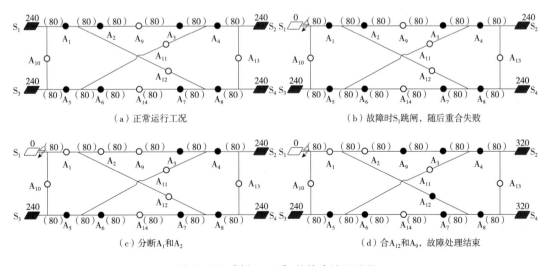

图 5-28 [例 5-25] 的故障处理过程

【例 5-26】 全负荷开关架空馈线，区域 λ（$A_2 - A_9$）内永久性故障。

（1）测试参数。测试参数设置如表 5-50 所示。

表 5-50	[例 5-26] 的测试参数设置
故障设置	区域 λ（$A_2 - A_9$）永久性故障
断路器	S_1、S_2、S_3、S_4
负荷开关	A_1、A_2、A_3、A_4、A_5、A_6、A_7、A_8、A_9、A_{10}、A_{11}、A_{12}、A_{13}、A_{14}
电源点	S_1、S_2、S_3、S_4
初始合闸状态开关	S_1、S_2、S_3、S_4、A_1、A_2、A_3、A_4、A_5、A_6、A_7、A_8
初始分闸状态开关	A_9、A_{10}、A_{11}、A_{12}、A_{13}、A_{14}
跳闸开关	S_1
重合开关	S_1
拒动开关	无
过流开关	S_1、A_1、A_2
流过电流/A	如图 5-29 所示

（2）故障处理。

1）故障定位结果。区域 λ（$A_2 - A_9$）永久性故障。

2）开关 S_1 重合失败后的供电恢复过程。最佳策略：开关 A_2，控→分；开关 S_1，控→合。

故障处理过程如图 5-29 所示。

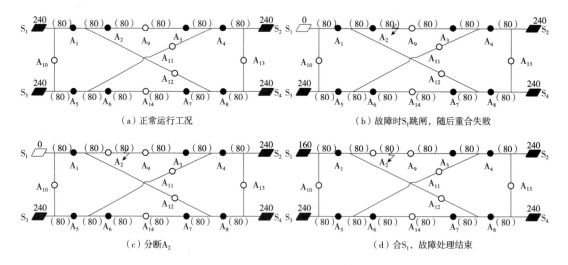

图 5-29 [例 5-26] 的故障处理过程

【例 5-27】 全负荷开关架空馈线，开关 S_1 检修。

（1）测试参数。测试参数设置如表 5-51 所示。

表 5 - 51	[例 5 - 27] 的测试参数设置
故障设置	开关 S_1 检修
断路器	S_1、S_2、S_3、S_4
负荷开关	A_1、A_2、A_3、A_4、A_5、A_6、A_7、A_8、A_9、A_{10}、A_{11}、A_{12}、A_{13}、A_{14}
电源点	S_1、S_2、S_3、S_4
初始合闸状态开关	S_1、S_2、S_3、S_4、A_1、A_2、A_3、A_4、A_5、A_6、A_7、A_8
初始分闸状态开关	A_9、A_{10}、A_{11}、A_{12}、A_{13}、A_{14}
跳闸开关	S_1
重合开关	无
拒动开关	无
过流开关	无
流过电流/A	如图 5 - 30 所示

（2）故障处理。

1）恢复供电启动。设置开关 S_1 检修，并启动恢复供电过程。

2）启动恢复供电过程后的控制流程。最佳策略：开关 A_1，控→分；开关 A_2，控→分；开关 A_9，控→合；开关 A_{10}，控→合；开关 A_{12}，控→合。

故障处理过程如图 5 - 30 所示。

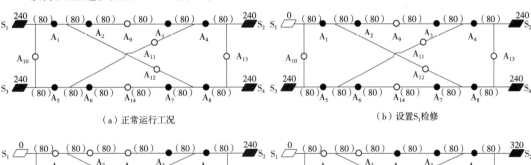

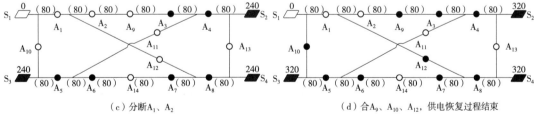

（a）正常运行工况　　　　　　　　　（b）设置 S_1 检修

（c）分断 A_1、A_2　　　　　　　（d）合 A_9、A_{10}、A_{12}，供电恢复过程结束

图 5 - 30　[例 5 - 27] 的故障处理过程

5.6　模式化接线电缆配电网故障处理测试用例

5.6.1　测试接线图

3 分段 3 联络模式化接线电缆配电网故障处理的测试接线图如图 5 - 31 所示，图 5 - 31

中 S_1、S_2、S_3、S_4 所带馈线的额定载流量均为240A。

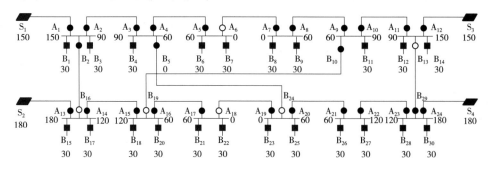

图5－31　3分段3联络模式化接线电缆配电网

5.6.2　测试情况举例

【例5－28】　负荷开关与断路器电缆馈线，区域 λ（A_2－A_3）内永久性故障。

（1）测试参数。测试参数设置如表5－52所示。

表5－52　[例5－28]的测试参数设置

故障设置	区域 λ（A_2－A_3）永久性故障
断路器	S_1、S_2、S_3、S_4、B_1、B_3、B_4、B_6、B_7、B_8、B_9、B_{11}、B_{12}、B_{14}、B_{15}、B_{17}、B_{18}、B_{20}、B_{21}、B_{22}、B_{23}、B_{25}、B_{26}、B_{27}、B_{28}、B_{30}
负荷开关	A_1、A_2、A_3、A_4、A_5、A_6、A_7、A_8、A_9、A_{10}、A_{11}、A_{12}、A_{13}、A_{14}、A_{15}、A_{16}、A_{17}、A_{18}、A_{19}、A_{20}、A_{21}、A_{22}、A_{23}、A_{24}、B_2、B_5、B_{10}、B_{13}、B_{16}、B_{19}、B_{24}、B_{29}
电源点	S_1、S_2、S_3、S_4
初始合闸状态开关	S_1、S_2、S_3、S_4、A_1、A_2、A_3、A_4、A_5、A_7、A_8、A_9、A_{10}、A_{11}、A_{12}、A_{13}、A_{14}、A_{15}、A_{16}、A_{17}、A_{19}、A_{20}、A_{21}、A_{22}、A_{23}、A_{24}、B_1、B_2、B_3、B_4、B_5、B_6、B_7、B_8、B_9、B_{10}、B_{11}、B_{12}、B_{14}、B_{15}、B_{17}、B_{18}、B_{20}、B_{21}、B_{22}、B_{23}、B_{25}、B_{26}、B_{27}、B_{28}、B_{29}、B_{30}
初始分闸状态开关	A_6、A_{18}、B_{13}、B_{16}、B_{19}、B_{24}
跳闸开关	S_1
重合开关	无
拒动开关	无
过流开关	S_1、A_1、A_2
流过电流/A	如图5－31所示

（2）故障处理。

1）故障定位结果。区域 λ（A_2－A_3）永久性故障。

2）S_1 跳闸后的供电恢复过程。最佳策略：开关 A_2，控→分；开关 A_3，控→分；开关 A_4，控→分；开关 S_1，控→合；开关 B_{24}，控→合；开关 A_6，控→合。

故障处理过程如图5－32所示。

【例5－29】　负荷开关与断路器电缆馈线，区域 λ（A_4－A_5）内永久性故障。

（1）测试参数。测试参数设置如表5－53所示。

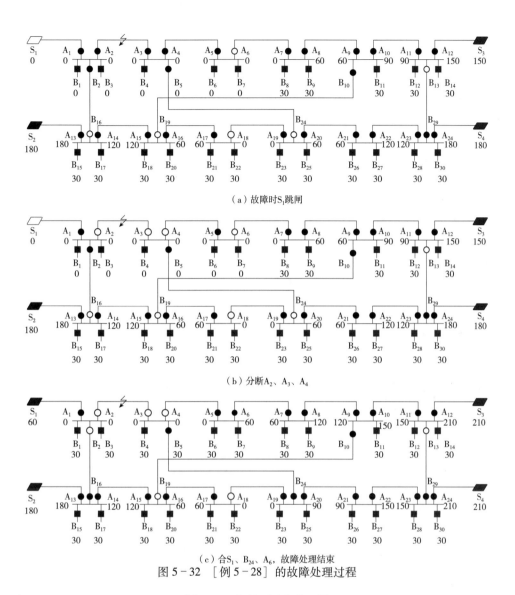

（a）故障时S_1跳闸

（b）分断A_2、A_3、A_4

（c）合S_1、B_{24}、A_6，故障处理结束

图 5-32 ［例 5-28］的故障处理过程

表 5-53 ［例 5-29］的测试参数设置

故障设置	区域 λ（A_4-A_5）永久性故障
断路器	S_1、S_2、S_3、S_4、B_1、B_3、B_4、B_6、B_7、B_8、B_9、B_{11}、B_{12}、B_{14}、B_{15}、B_{17}、B_{18}、B_{20}、B_{21}、B_{22}、B_{23}、B_{25}、B_{26}、B_{27}、B_{28}、B_{30}
负荷开关	A_1、A_2、A_3、A_4、A_5、A_6、A_7、A_8、A_9、A_{10}、A_{11}、A_{12}、A_{13}、A_{14}、A_{15}、A_{16}、A_{17}、A_{18}、A_{19}、A_{20}、A_{21}、A_{22}、A_{23}、A_{24}、B_2、B_5、B_{10}、B_{13}、B_{16}、B_{19}、B_{24}、B_{29}
电源点	S_1、S_2、S_3、S_4
初始合闸状态开关	S_1、S_2、S_3、S_4、A_1、A_2、A_3、A_4、A_5、A_7、A_8、A_9、A_{10}、A_{11}、A_{12}、A_{13}、A_{14}、A_{15}、A_{16}、A_{17}、A_{19}、A_{20}、A_{21}、A_{22}、A_{23}、A_{24}、B_1、B_2、B_3、B_4、B_5、B_6、B_7、B_8、B_9、B_{10}、B_{11}、B_{12}、B_{14}、B_{15}、B_{17}、B_{18}、B_{20}、B_{21}、B_{22}、B_{23}、B_{25}、B_{26}、B_{27}、B_{28}、B_{29}、B_{30}
初始分闸状态开关	A_6、A_{18}、B_{13}、B_{16}、B_{19}、B_{24}

跳闸开关	S_1
重合开关	无
拒动开关	无
过流开关	S_1、A_1、A_2、A_3、A_4
流过电流/A	如图 5－33 所示

（2）故障处理。

1）故障定位结果。区域 λ（A_4-A_5）永久性故障。

2）开关 S_1 跳闸后的供电恢复过程。最佳策略：开关 A_4，控→分；开关 A_5，控→分；开关 S_1，控→合；开关 A_6，控→合。

故障处理过程如图 5－33 所示。

【例 5－30】 负荷开关与断路器电缆馈线，区域 λ（S_1-A_1）内永久性故障。

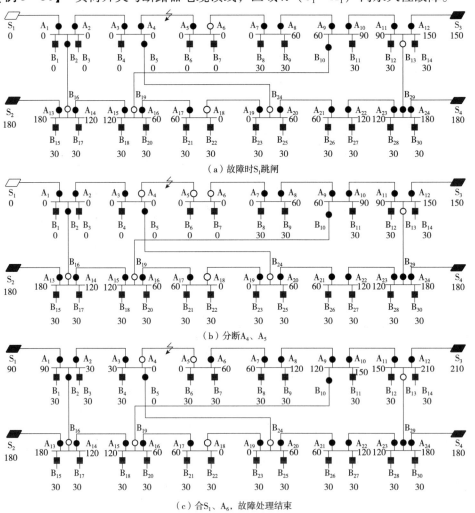

（a）故障时 S_1 跳闸

（b）分断 A_4、A_5

（c）合 S_1、A_6，故障处理结束

图 5－33 ［例 5－29］的故障处理过程

（1）测试参数。测试参数设置如表5-54所示。

表5-54　　　　　　　　　　　　　［例5-30］的测试参数设置

故障设置	区域λ（S_1-A_1）永久性故障
断路器	S_1、S_2、S_3、S_4、B_1、B_3、B_4、B_6、B_7、B_8、B_9、B_{11}、B_{12}、B_{14}、B_{15}、B_{17}、B_{18}、B_{20}、B_{21}、B_{22}、B_{23}、B_{25}、B_{26}、B_{27}、B_{28}、B_{30}
负荷开关	A_1、A_2、A_3、A_4、A_5、A_6、A_7、A_8、A_9、A_{10}、A_{11}、A_{12}、A_{13}、A_{14}、A_{15}、A_{16}、A_{17}、A_{18}、A_{19}、A_{20}、A_{21}、A_{22}、A_{23}、A_{24}、B_2、B_5、B_{10}、B_{13}、B_{16}、B_{19}、B_{24}、B_{29}
电源点	S_1、S_2、S_3、S_4
初始合闸状态开关	S_1、S_2、S_3、S_4、A_1、A_2、A_3、A_4、A_5、A_7、A_8、A_9、A_{10}、A_{11}、A_{12}、A_{13}、A_{14}、A_{15}、A_{16}、A_{17}、A_{19}、A_{20}、A_{21}、A_{22}、A_{23}、A_{24}、B_1、B_2、B_3、B_4、B_5、B_6、B_7、B_8、B_9、B_{10}、B_{11}、B_{12}、B_{14}、B_{15}、B_{17}、B_{18}、B_{20}、B_{21}、B_{22}、B_{23}、B_{25}、B_{26}、B_{27}、B_{28}、B_{29}、B_{30}
初始分闸状态开关	A_6、A_{18}、B_{13}、B_{16}、B_{19}、B_{24}
跳闸开关	S_1
重合开关	无
拒动开关	无
过流开关	S_1
流过电流/A	如图5-34所示

（2）故障处理。

1）故障定位结果。区域λ（S_1-A_1）永久性故障。

2）S_1跳闸后的供电恢复过程。最佳策略：开关A_1，控→分；开关A_2，控→分；开关A_4，控→分；开关B_{16}，控→合；开关B_{24}，控→合；开关A_6，控→合。

故障处理过程如图5-34所示。

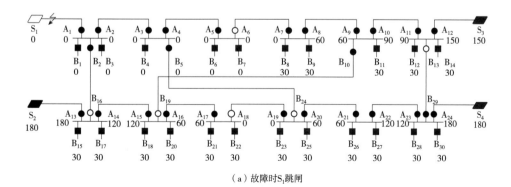

（a）故障时S_1跳闸

图5-34（一）　［例5-30］的故障处理过程

105

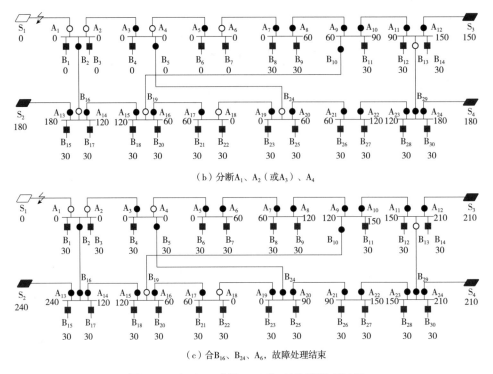

（b）分断A₁、A₂（或A₃）、A₄

（c）合B₁₆、B₂₄、A₆，故障处理结束

图 5－34（二）　　［例 5－30］的故障处理过程

5.7　配电网大面积断电快速恢复测试用例

5.7.1　测试接线图

配电网大面积断电快速恢复的测试接线图如图 5－35 所示。

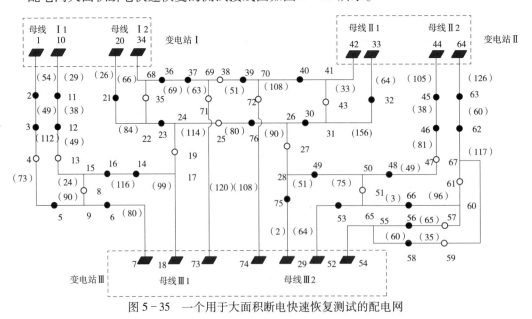

图 5－35　一个用于大面积断电快速恢复测试的配电网

5.7.2 测试情况举例

【例5-31】 变电站3高压进线故障，导致全站停电。

（1）测试参数。测试参数设置如表5-55所示。

表5-55 [例5-31]的测试参数设置

故障设置	变电站3高压进线故障，导致全站停电
断路器	1、7、10、18、20、29、33、34、42、44、52、54、64、73、74
负荷开关	2、3、4、5、6、8、11、12、13、14、16、19、21、23、25、27、30、32、35、36、37、38、39、40、43、45、46、47、48、49、51、53、56、57、58、59、61、62、63、66、71、72
电源点	1、7、10、18、20、29、33、34、42、44、52、54、64、73、74
初始合闸状态开关	1、2、3、5、6、7、10、11、12、14、16、18、20、21、23、29、30、32、33、34、36、37、39、40、42、44、45、46、48、49、52、53、54、56、58、62、63、64、66、73、74
初始分闸状态开关	4、8、13、19、25、27、35、38、43、47、51、57、59、61、71、72
跳闸开关	无
重合开关	无
拒动开关	无
过流开关	无
流过电流/A	如图5-35所示
电源点额定电流/A	400

（2）故障处理。

1）恢复供电启动。设置变电站3高压进线故障，导致全站停电，并启动恢复供电过程。

2）启动恢复供电过程后的控制流程。可行策略：开关7、18、29、52、54、73、74，控→分；开关13，控→合；开关71，控→合；开关72，控→合；开关6，控→分；开关4，控→合；开关49，控→分；开关47，控→合；开关66，控→分；开关61，控→合；开关53，控→分；开关51，控→合；开关76，控→分；开关25，控→合；开关27，控→合。

故障处理过程如图5-36所示。

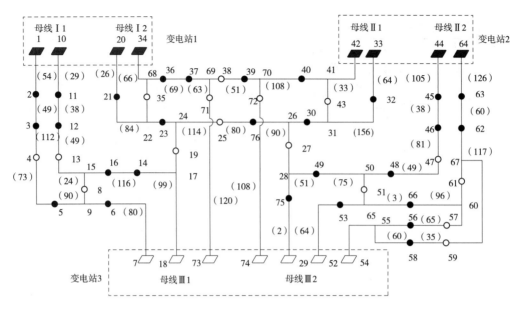

（a）开关7、18、29、52、54、73、74控→分，隔离故障

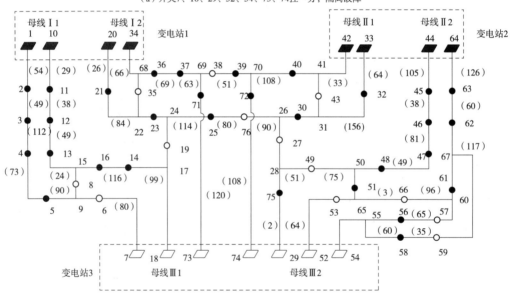

（b）执行相应的恢复操作得到的故障处理最终结果

图5-36　［例5-31］的故障处理过程

5.8　本章小结

本章给出了用于对配电自动化系统主站的故障处理性能进行测试的31个典型测试用例，其中包括：架空配电网基本故障处理测试用例9个、电缆配电网基本故障处理测试用例6个、架空配电网容错故障处理测试用例4个、电缆配电网容错故障处理测试用例4个、模式化接线架空配电网故障处理测试用例4个、模式化接线电缆配电网故障处理测试用例3个、配电网大面积断电快速恢复测试用例1个。

第6章　配电自动化系统故障处理
性能的现场短路试验测试技术

目前国内大量使用无主站的简易型馈线自动化系统，如日本东芝公司研制的重合器与电压时间型分段器配合模式[70-71]，Cooper 公司研制的重合器与重合器配合模式[72-73]，还有重合器与过流脉冲计数型分段器配合模式端[74]、合闸速断模式[30,75] 等，具有造价较低、动作可靠等优点，在国内外得到较好的推广应用，特别适合我国农村配电网的自动化。随着智能配电网设备的进步，为提高配电设备的可靠性，做到免维护，开关装置和自动化控制装置一体化设计成为趋势，二次信号注入接口有时难以提供，采用第 4 章论述的主站注入测试法、二次同步注入测试法和主站与二次协同注入测试法等 3 种现场测试方法对这些无主站分布智能配电自动化系统进行测试比较困难，这种情况下可以采用本章论述的 10kV 短路试验测试法。

同时，即使对于集中智能配电自动化系统，采用本章论述的 10kV 短路试验测试法，也可以对包括断路器、负荷开关和互感器在内的一次设备与配电自动化系统在故障处理过程中的协调配合进行更加系统和全面的测试。

6.1　基本原理

10kV 短路试验测试法的基本原理是通过将特制的电阻元件直接接入 10kV 馈线，真实地发生馈线故障现象，测试配电自动化的故障处理过程。

10kV 馈线短路试验测试法的关键在于：既能模拟实际故障现象，又可以减小对系统冲击的阻抗元件设计及短路试验安全保障措施。

在测试中，需要根据被测配电网馈线电源侧的系统阻抗及馈线短路试验点的线路阻抗，计算两相短路电流，配置适当的大容量短路电阻器，使短路电流超过配网故障检测或继电保护动作定值，但控制在 1000A 以下，减少短路电流对系统的冲击。采用 10kV 短路试验断路器将电阻器接入 10kV 馈线两相之间，真实发生馈线两相相间短路，电阻器接入时间由保护装置控制，模拟相间瞬时故障或永久故障。模拟瞬时故障时，只需 10kV 试验开关合上一段短时间后，且在 10kV 架空馈线断路器重合闸动作之前分开。模拟两相永久性故障时，10kV 智能断路器合上后保持一段较长时间，直至馈线自动化故障处理过程完成。试验过程通过安全防护设施确保配网线路及设备的安全。

A、C 两相可控短路试验方案如图 6-1 所示。

（1）10kV 短路试验测试法的优点。

1）故障现象更真实。

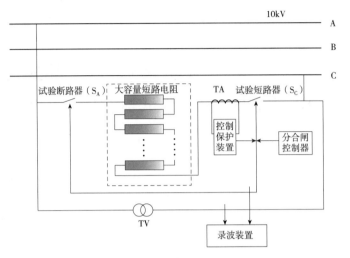

图 6-1 10kV 馈线两相短路试验接线图

2）可以对主站、子站、终端、保护配合、备用电源、通信、馈线开关和互感器在故障处理过程中的配合进行系统测试。

3）可以测试无主站分布智能型配电自动化系统。

（2）10kV 短路试验测试法的不足。

1）对系统有一定冲击。

2）需要停电接线，一般只用于架空馈线。

3）不便于设置复杂的故障现象和负荷分布场景。

6.1.1 10kV 短路试验测试装置

本节以 DATS-3000 10kV 短路试验测试装置为例进行说明。如图 6-1 所示，DATS-3000 10kV 馈线短路试验测试装置主要包括特制的短路电阻器、10kV 断路器、电流互感器、电压互感器、控制保护装置、金具线缆、安全防护设施等。

10kV 馈线两相短路电流一般可达到几千安至十几千安，为降低短路电流对系统的冲击又确保试验结果的有效性，短路电阻元件可将短路电流限制到一定范围内，减小模拟相间短路时对系统的冲击，通过将电阻器接入被测线路的两相之间，实现短路故障模拟，同时短路试验点的短路电流限制在 1000A 以内。对于常见的配网线路，根据被选试验线路的阻抗、短路点的位置和供电变电站的系统阻抗及变压器短路阻抗，计算出试验线路短路点发生两相短路故障，短路电流控制在 1000A 时需接入的相间电阻，一般不大于 10Ω。为了便于搬运，选择的单台电阻器的阻值为 2Ω。通过对多个 2Ω 电阻器灵活的串并联，获得所需的短路阻抗。

（1）短路电阻器。电阻器采用直径 380mm 的环氧树脂绝缘筒，在绝缘筒上固定多个厚度为 8mm 云母条，将能通过 1000A 工频电流的（截面 28.26mm²、线径 6mm）的康铜线绕制在绝缘筒上，形成阻值约为 2Ω 的电阻器。匝间采用厚度为 5mm 的云母块绝缘分隔绕制而成。为保证通过短路电流时电阻器的稳定性，在满足电阻器对地绝缘要求的同时，电阻器的重心尽可能低。电阻器直径为 380mm，高度为 530mm，电阻器的导体对地绝缘按电力系统 10kV 水平设置，即工频耐受电压为 42kV/min，单台电阻器的重量为 35kg。电阻器实物照片如图6-2所示。

（a）电阻器外观　　　　　　　　　　　　　（b）电阻器内部

图6-2　电阻器实物照片

（2）10kV试验断路器。用于投入/切除短路电阻器。采用户外柱上高压真空断路器，选用永磁操作机构断路器，体积小，重量轻，操作控制方便。断路器本体采用三相支柱式、全封闭结构，操动机构和二次元件集中安装在不锈钢箱体内，密封性能好，可以适用于严寒或潮湿的地区。断路器内部采用单只永磁机构、三相联动的传动方式，确保了断路器分/合操作的可靠性。因试验只用两相，为降低重量，去除中间相。试验断路器实物照片如图6-3所示。

（3）电流互感器、电压互感器。主要是为了控制保护装置提供短路电流和短路电压信号，并用于试验录波。

（4）控制保护装置。用于短路试验时控制试验断路器按试验预定程序进行合闸、分闸，投入/切除短路电阻器件；可作为测试中切除故障的安全保障措施，应能防止因馈线断路器拒动引起配电网供电变压器保护动作，防止试验导致母线甚至变压器跳闸；配备手持遥控器，具有100m内的无线遥控分合闸功能，远距离试验操作，确保试验人员的安全。控制保护装置实物照片如图6-4所示。

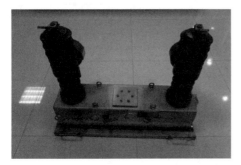 

图6-3　10kV试验断路器实物照片　　　　　图6-4　控制保护装置实物照片

6.1.2 10kV 短路试验测试步骤

采用 10kV 短路试验测试法可对选定线路选取短路点进行短路试验，试验步骤如下：

（1）选择好被测试线路和测试点，收集 110kV 系统阻抗、变压器短路阻抗、线路型号、线路阻抗等资料，收集线路保护定值资料。

（2）计算试验短路电流，调整投入的短路电阻器数量，使短路电流与线路保护配置定值、配电终端等自动化装置定值相配合。

（3）被测线路停电，做好安全措施。

（4）在被测点处接入短路试验设备，包括短路电阻器、试验断路器、控制保护装置、电流互感器、电压互感器、录波仪等。在变电站出线断路器、线路分段开关处等需要测试处接入录波装置。

（5）整定控制保护装置。

（6）解除被测线路接地线等安全措施，被测线路送电，进入测试状态。

（7）瞬时短路故障测试要按测试方案配置瞬时短路故障的保护装置工作参数，检查正确后，合上试验断路器，造成相间短路电流，线路断路器跳闸，切除短路故障，控制保护装置控制试验断路器跳闸，切除短路电阻器，线路断路器重合闸成功，线路带电。各测点记录试验过程的电压电流波形，主站接收相关信息，填写试验记录表，如表 6-1 所示。

表 6-1　　　　　　　　10kV 短路试验测试数据记录表

测试时间	测试地点		运行单位		环境温度
测试 依据	DL/T 721—2013《配电网自动化系统远方终端》、 DL/T 814—2013《配电自动化系统技术规范》				
110kV 系统阻抗			变压器短路阻抗		
线路型号			线路阻抗		
试验电阻阻值			理论短路电流		
线路断路器保护定值					
控制保护装置定值	瞬时故障				
	永久故障				
测试结果					
线路电压测量值			短路电流测量值		
动作情况	瞬时故障				
	永久故障				
结论					
试验人员					
报告编写人					
校核人					
负责人					

（8）永久短路故障测试要按测试方案配置永久短路故障的保护装置工作参数，检查正

确后，合上试验断路器，造成相短路电流，线路断路器跳闸，切除短路故障，线路断路器重合闸失败，再次跳闸，控制保护装置跳闸短路试验断路器切除短路电阻器。各测点记录试验过程的电压电流波形，主站接收相关信息。

（9）被测线路停电，做好安全措施。

（10）拆除短路试验设备和各测点录波设备，恢复现场，测试结束。

（11）拆除接地线等安全措施，申请调度恢复供电。

6.2 瞬时短路故障测试方法

配电网变电站出线断路器和馈线终端一般配置速断保护和过流延时保护。试验前根据被测配电网馈线电源侧的系统阻抗及馈线短路试验点的线路阻抗，配置适当的大容量短路电阻，计算两相短路电流，一般不大于1000A。临时更改变电站出线断路器、馈线终端的保护定值，与短路电流配合，可启动速断保护或过流延时保护。控制保护装置控制试验断路器，在线路重合闸动作前，切除相间短路电阻器，模拟瞬时短路故障。

试验前要按照被测线路的保护方式确定控制保护装置的瞬时性短路故障测试时序图。

测试速断保护时，合上试验断路器，投入相间短路电阻器，产生小于1000A相间短路电流。速断保护0s动作，线路断路器约0.1s后跳闸。控制保护装置检测到相间故障电流切除，控制试验断路器分闸，约0.2s后分开，在重合闸动作前（重合闸等待时间约为1s）切除相间短路电阻器，模拟瞬时短路故障。图6-5所示为常见的架空线路瞬时性短路故障馈线速断保护动作测试时序图。

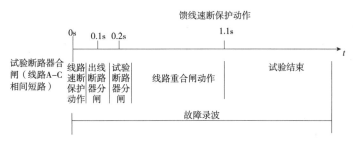

图6-5 瞬时性短路故障馈线速断保护动作试验时序图

测试过流保护时，过流保护延时0.5s动作，线路断路器约0.1s后跳闸，重合闸动作等待时间为1s，控制保护装置断开试验断路器考虑0.2s的裕度，即试验断路器分闸时间定值＝过流保护延时时间＋线路断路器跳闸时间＋裕度时间。确保试验断路器在馈线断路器重合闸动作之前分开，切除相间短路电阻器，模拟瞬时短路故障。图6-6所示为常见的架空线路瞬时性短路故障馈线过流延时保护动作测试时序图。

为确保试验安全，控制保护装置设定最大限制电流，若试验中发生问题，致使电路电流超过计算短路电流的1.5倍，试验断路器瞬时跳闸，切除试验短路电阻。

为防止馈线保护拒动引起变电站后备保护动作，致使试验停电范围扩大，造成事故，控制保护装置控制试验断路器投入短路电阻器时，启动延时跳闸，跳闸时间小于变电站后备保护动作延时，并留有足够的裕度，作为试验的安全保护措施之一。

图 6-6 瞬时性短路故障馈线过流延时保护动作试验时序图

瞬时性短路故障测试试验断路器的保护逻辑原理如图 6-7 所示。

图 6-7 瞬时短路的保护工作逻辑图

下面以短路试验电流取 10A（二次）线路速断定值小于 10A、过流定值小于 10A、延时 0.5s 为例进行安全保护的说明。

试验装置的断路器合闸后，启动其速断和过流保护，满足下列 3 种情况之一就会发出跳闸命令：

（1）试验相间短路电流值大于设定的短路电流值的 150%（10A×150%＝15A）。

（2）试验相间短路电流值小于预设短路电流值的下限 10%（10A×10%＝1A），即线路速断保护 0s 动作，线路断路器 0.1s 跳开，线路此时电流，控制保护装置检测到小于下限值电流后，约 0.2s 可由试验断路器切除短路阻抗，模拟线路速断保护动作时的瞬时故障。

（3）若速断拒动，试验相间短路电流值大于预设短路电流值的下限（1A）且小于试验最大短路电流（15A），将启动过流延时保护，设定的瞬时短路总时间为 0.8s（10kV 馈线过流保护延时时间 0.5s+馈线断路器跳闸延时时间 0.1s+裕度时间 0.2s）到达，由试验断路器立即切除短路阻抗，模拟线路过流保护动作时的瞬时故障。

6.3　永久短路故障测试方法

试验前要按照被测线路的保护方式设计试验断路器控制保护装置的永久性短路故障测试时序图。常见的永久性短路故障试验时序图如图 6-8 所示。控制保护装置与变电站出线开关过电流延时保护相配合，为保证短路试验的安全，在试验过程结束后及时断开试验开关，退出相间短路阻抗装置。测试两相永久性故障时，10kV 断路器合上后保持一个长时间，其时间大于 10kV 馈线过流保护延时时间+馈线断路器跳开的延时时间+重合闸等待时间+开关合闸时间+重合闸后加速保护动作时间+馈线断路器跳开的延时时间+裕度时间。

图 6-8 所示试验断路器的跳闸时间为 2.2s。下面以短路试验电流取 10A（二次）、线路速断定值（经修改后）、过流定值小于 10A、延时 0.5s，重合闸延时时间 1s、重合闸后加速延时 0s、馈线开关合闸分闸时间为 0.1s 为例进行说明。

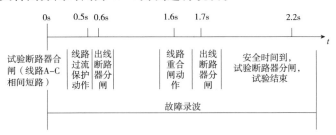

图 6-8　永久性短路故障试验时序图

试验断路器的保护逻辑图如图 6-9 所示。试验断路器合闸后，启动速断和过流保护，满足下列 3 种情况之一，即发出跳闸命令：

（1）试验相间短路电流值大于设定的短路电流值的 150%（10A×150% = 15A）。

（2）试验断路器合闸 0.7s 后（线路过流保护延时时间 0.5s+开关跳闸时间 0.1s +0.1s 裕度）相间短路电流值仍大于下限电流 1A（线路出线开关过流保护未跳闸），试验断路器动作切除试验阻抗，确保设备安全，此时馈线开关或其保护出现异常，不满足馈线自动化要求，需中止试验，进行检查。

（3）试验断路器合闸 0.7s 后相间短路电流值小于下限电流 1A（线路速断或过流保护动作跳闸，线路不带电），再延时 1.4s 后跳闸（一次重合闸延时时间 1s+开关合闸时间 0.1s+重合闸后加速保护动作时间 0s+开关跳闸延时时间 0.1s+裕度时间 0.2s），切除试验阻抗。

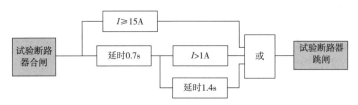

图 6-9　永久短路的保护工作逻辑图

6.4　10kV 短路试验安全防护

10kV 短路试验的安全防护措施主要有安全技术控制措施和工作安全措施。

1. 安全技术控制措施

（1）安全技术控制措施主要由控制保护装置实现，要正确设置瞬时、永久故障试验压板，正确设置控制保护装置定值。试验前用继电保护测试仪验证控制保护装置定值，保障试验系统功能完好。

（2）确保短路试验断路器工作正常。

（3）确保试验短路电阻工作正常，绝缘完好。

（4）试验设备现场一、二次接线正确可靠，并对一、二次绝缘进行测试。

（5）控制保护装置、10kV试验断路器采用UPS电源系统给短路试验设备供电。

以上技术保障措施到位后，方可进行测试工作。

2. 工作安全措施

10kV馈线短路试验采用停电接线，所有工作必须符合《电力安全工作规程》。

（1）试验前必须按短路试验接入点的情况，做好接入预制电缆。

（2）电缆线路的接入一般通过电缆分支箱或环网柜的专用接头，选择配套的T形头或Γ形头，做好预制电缆，方可接入线路。

（3）所有的下引线、连接线均采用绝缘电缆，配预制接头，配备必要的连接金具。

（4）测试设备安放在绝缘垫上。

（5）设置安全围栏。

（6）操作人员用遥控器进行操作，距离一次设备5m以上，确保人身安全。

（7）线路停电、做好接地线等安全措施后接入试验设备。

（8）试验准备工作全部完成，开始试验前拆除接地线，做好送电准备，申请送电进行试验。

（9）短路试验完成，线路停电、做好接地线等安全措施后，拆除接入的试验设备，再拆除接地线，做好送电准备，申请恢复供电。

（10）试验线路涉及到用户试验时尽可能停电，试验结束后恢复供电，减少对用户的影响。

（11）由于试验装置为不防雨设计，雨天不能进行户外试验。

6.5 本章小结

（1）10kV短路试验测试法采用在配电网10kV馈线中直接接入特制的电阻元件，真实地发生馈线故障现象，对包括无主站的简易型馈线自动化系统在内的所有智能配电自动化系统的断路器、负荷开关和互感器一次设备与配电自动化系统在故障处理过程中的协调配合进行更加真实的测试。

（2）采用10kV短路试验测试法需要停电接线，不便于设置过于复杂的故障现象和负荷分布场景，且对系统有一定冲击。此外，采用10kV短路试验测试法，需要重视采取周密的安全防护措施。

第7章　配电自动化系统常见缺陷分析

通过测试发现，目前的配电自动化系统存在着各种各样的缺陷。在配电自动化系统主站的缺陷中，模型和参数配置错误占绝大部分，其次是故障处理策略的缺陷，再次是与其他系统接口的不稳定；在配电终端的缺陷中，电源（尤其是储能元件）故障占主要部分，其次是参数配置错误，再次是通信接口损坏，电磁兼容方面的问题也不容忽视；在配电自动化系统各个环节配合的缺陷中，信息误报和漏报占主要部分，其次是通信障碍，再次是参数配置错误。

配电自动化系统的缺陷，除了如本书各章节所述各个专项测试中发现之外，通过调阅运行中的历史数据和实时数据，并进行适当的分析研究，也是发现缺陷的有效途径。

本章结合作者的实践，论述配电自动化系统常见缺陷的发现方法及其原因，旨在帮助提升配电自动化系统的实用化水平。

7.1　利用历史曲线发现缺陷

调阅配电自动化系统遥测量的历史曲线，是检查系统运行连续性的有效手段。正常情况下，电流和功率量的遥测历史曲线应该呈现出连续波动的特点。若历史曲线中出现平坦直线段、毛刺等，则往往反映主站、子站、终端或通信通道出现了障碍，也有可能是参数配置错误导致。

7.1.1　平坦直线段反映缺陷

1. 故障可能性

调阅某个遥测量的历史曲线，若发现其在某一段时间内呈平坦直线段，如图 7-1 中 20~24h 所示，则有以下几种可能性：

（1）该遥测量在这段期间内的变化小于所设置的"死区值"，而终端未上报其变化。

（2）该遥测量在这段期间内的值很小，低于所设置的"零漂值"，而终端未上报其变化。

（3）该遥测量对应的互感器故障，如 TV 断线、TA 开路等，导致终端采集的值过小低于零漂值或过大超出合理上限或不变化，使终端未上报其变化。

（4）该遥测量对应的配电终端故障。

（5）该遥测量对应的配电终端的通信通道障碍。

（6）监测该遥测量的配电终端所对应的配电子站故障。

（7）监测该遥测量的配电终端所对应的配电子站的通信通道障碍。

（8）配电自动化系统主站死机。

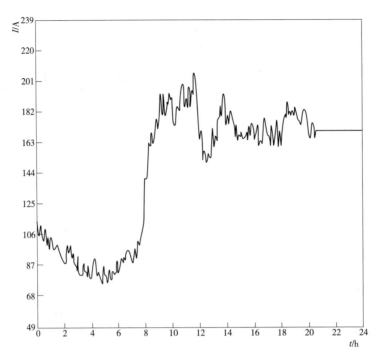

图 7-1　在某一段时间内呈平坦直线段的遥测量历史曲线

2. 故障排除和确认

对于上述几种可能性的排除和确认可以采用下列方法：

（1）调阅该时间段内与监测该遥测量的配电终端所对应的配电子站以外的配电终端的电流或功率遥测量的历史曲线，若其在该时间段内呈现连续波动的特点，则可排除该时间段内配电自动化系统主站死机的可能性；若其在该时间段内也呈现平坦直线段，并且再调阅若干与监测该遥测量的配电终端所对应的配电子站以外的配电终端的电流或功率遥测量在该时间段内的历史曲线都呈现平坦直线段，则考虑配电自动化系统主站死机。

实际上，只要在该时间段内有一个遥测量（或虚拟遥测量）的历史曲线呈现连续波动的特点，就可以排除该时间段内配电自动化系统主站死机的可能性。因此，在调阅历史曲线进行检查的工作中，可以首先调阅功率总加曲线观察其连续波动性，若其在规定的时间段内（如实用化验收所要求的连续3个月内）均呈现连续波动的特点，则可排除这3个月内配电自动化系统主站死机的可能性。

（2）调阅该时间段内与监测该遥测量的配电终端所对应的配电子站相连接的其他配电终端的电流或功率遥测量的历史曲线，若其在该时间段内呈现连续波动的特点，则可排除该时间段内配电子站故障或通信通道障碍的可能性；若其在该时间段内也呈现平坦直线段，并且再调阅若干与该配电子站相连接的配电终端的电流或功率遥测量，若它们在该时间段内的历史曲线都呈现平坦直线段，则考虑配电子站故障或通信通道障碍。

为了进一步区分配电子站故障或通信通道障碍，可以到现场人工复位（或重新上电）配电子站，若相应曲线恢复正常，则考虑为配电子站死机；否则需要人工复位（或重新上电）通信设备，若相应曲线恢复正常，则考虑为通信通道障碍；若仍不能使相应曲线恢复正常，则需要断开该配电子站与通信通道的连接，采用测试设备模拟配电子站的通信协议与通信通道相连，若配电自动化系统主站收到该配电子站的信息，则可排除通信通道障碍，考虑该配电子站硬件故障。

（3）调阅该时间段内监测该遥测量的配电终端的其他电流或功率遥测量的历史曲线，若其在该时间段内呈现连续波动的特点，则可排除该时间段内该配电终端故障或通信通道障碍的可能性；若其在该时间段内也呈现平坦直线段，并且再调阅若干该配电终端的其余电流或功率遥测量，若它们在该时间段内的历史曲线都呈现平坦直线段，则考虑该配电终端故障或通信通道障碍。

进一步区分配电终端故障或通信通道障碍的方法与进一步区分配电子站故障或通信通道障碍的方法类似，不再赘述。

（4）在排除了配电自动化系统主站死机、配电子站故障、配电终端故障以及通信通道障碍后，如果发现该遥测量的历史曲线始终呈现平坦直线段，则考虑该遥测量对应的互感器故障，需要到现场处理。

（5）若该遥测量的历史曲线出现间歇性归零现象，并且只有归零部分呈现平坦直线段，而且归零临界点对应的遥测值大致相同（与所设置的"零漂值"接近），如图 7-2 所示，则考虑该遥测量在这段期间内的值很小，低于所设置的"零漂值"，而终端未上报其变化。针对这种情况，可以检查所设置的"零漂值"是否合适，若不合适可以适当调整，若认为合适，则无需在意这种现象。

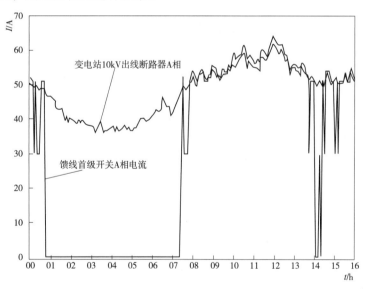

图 7-2　"零漂值"设置过大造成的遥测曲线间歇归零现象

（6）所设置的"死区值"过大导致的某段时间内历史呈现平坦直线段的情形，在放大时间段后观察该历史曲线往往呈现出"阶梯状"的特点，如图 7-3 所示。针对这种情况，可以检查所设置的"死区值"是否合适，若不合适可以适当调整，若认为合适，则无需在意这种现象。

值得一提的是，一些配电终端对所有遥测量只能设置同一个"死区值"，这样的配电终端在下列情况下，有可能会出现阶梯状问题：

1）各个遥测量的实际值范围差别较大的情形，如环网柜进线电流和出线电流的差别很大，但电流互感器往往都选择同样变比的，按照进线电流范围设置的较大"死区值"可能导致出线电流的历史曲线表现出阶梯状。

2）该配电终端除了采集电量信息之外，还接入了一些非电量信息（如温度），而从应用需求上，希望对电量信息的改变敏感些，而对温度信息的改变不需要过于敏感，按照温度遥测设置的较大"死区值"可能导致电量遥测的历史曲线表现出阶梯状。

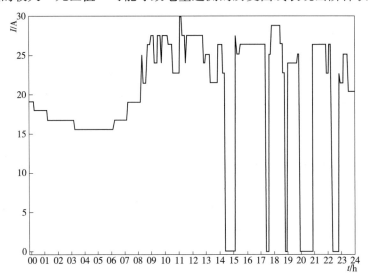

图 7-3 "死区值"设置过大导致的遥测量历史曲线呈"阶梯"状现象

由于配电自动化系统中变电站内 10kV 出线的信息都来自于地区电网调度自动化系统（SCADA）的转发，而该信息对于配电自动化是必不可少的，并且往往转发通道及其接口比较脆弱，所以应特别关注地区电网调度自动化系统（SCADA）的转发通道及其接口的可用性，当来自地区电网调度自动化系统（SCADA）转发的遥测量的历史曲线经常出现平坦直线段的情况时，通常反映地区电网调度自动化转发环节存在较大缺陷，需要及时处理。

7.1.2 遥测数据的相关性反映缺陷

采集到配电自动化系统中的一些遥测量之间具有相互关联性，如在变电站 10kV 出线断路器与馈线首级开关之间的馈线段上没有馈出负荷的情况下，流过它们的电流和功率遥测量理论上应相等，实际当中应大致相等，说"大致"的原因在于它们往往采集时刻不同并且互感器的特性不完全一致。对于如图 7-4 所示的电缆配电网的 10kV 母线（包括10kV 环网柜或开闭所母线、10kV 电缆 T 接点等，箭头表示潮流的方向；S 为变电站 10kV出线断路器，A_1、A_2、B_1、B_2、C 为断路器，实心代表合闸，空心代表分闸），其任何一相电流理论上都满足（实际中大致满足）式（7-1）~式（7-3）。

$$I_S = I_{A_1} \tag{7-1}$$

$$I_{B_2} = I_{A_2} \tag{7-2}$$

$$I_{A_1} = I_C + I_{B_2} \tag{7-3}$$

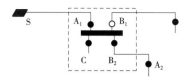

图 7-4 相邻开关间无馈出负荷的电缆配电网局部

▰—断路器，属性为电源，实心为合闸；

●—负荷开关，实心为合闸；

○—负荷开关，空心为分闸

利用上述关系，调阅相应的历史曲线进行对比分析，就可以检查配电自动化系统的性能，发现一些常见缺陷。

例如，在变电站 10kV 出线断路器与馈线首级开关之间的馈线段上没有馈出负荷的情况下，分别调阅变电站 10kV 出线断路器与馈线首级开关的 A 相电流曲线，它们应该紧密吻合，如图 7-5 所示。

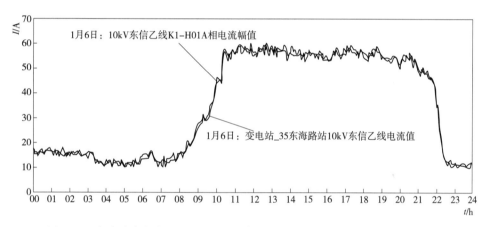

图 7-5 紧密吻合的变电站 10kV 出线断路器与馈线首级开关的 A 相电流曲线

若图 7-5 中两条曲线呈现出如图 7-6 所示的两条近似平行趋势的曲线，则反映相应的两个电流互感器的特性或精度差异较大，也有可能是其中某个遥测量的参数没有根据电流互感器的变比和遥测量原码的取值区间设置正确，也有可能是由于相应两个开关之间存在一些供出负荷，而没有反映在配电网接线图上造成的。

若图 7-5 中两条曲线呈现出完全不相关的趋势而基本全部都不吻合，则往往反映其中一个遥测量配置错误，可能误将其配置成另外一个不相关的遥测量了，需要现场核对和处理。

配置错误的情形有时具有一定的隐蔽性，如图 7-7 所示的情形，在 8 点之前和 22 点之后，两条曲线相互吻合，而在 8 点和 22 点之间的时间内明显出现差距，但是趋势仍比较一致。经现场勘查，发现是将某个开关的 A 相电流遥测量误配置为其下游相邻开关的 A 相电流遥测量了，而这相邻两个开关之间存在一个负荷，该负荷在 8 点和 22 点之间投入，且该负荷比较稳定，从而造成了上述现象。

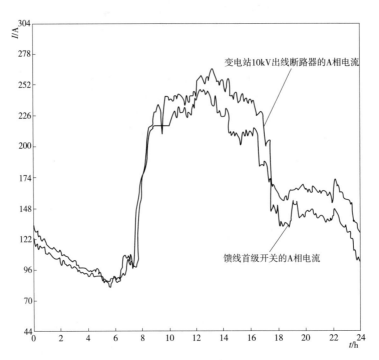

图 7-6　趋势近似平行的变电站 10kV 出线断路器与馈线首级开关的 A 相电流曲线

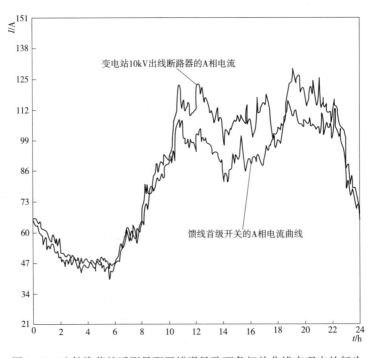

图 7-7　比较隐蔽的遥测量配置错误导致两条相关曲线表现出的行为

对于存在类似与式（7-3）描述的相互关系的一组遥测量，可以配置一个虚拟遥测（比如配置虚拟遥测量 $I_V = I_C + I_{B_2}$），然后调阅该虚拟遥测量（如 I_V）的历史曲线与另一个遥测量（如 I_{A_1}）的历史曲线进行比对分析。

对于馈线上没有分布式电源（DG）但是相邻开关之间存在馈出负荷的情形，比如架空配电网和相邻开关之间存在馈出负荷的电缆配电网，如图7-8所示，满足式（7-4）~式（7-6）。

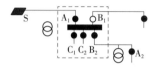

图7-8 馈线上没有 DG 但是相邻开关间有馈出负荷的电缆配电网局部

▰—断路器，属性为电源，实心为合闸；●—负荷开关，实心为合闸；○—负荷开关，空心为分闸

$$I_S \geq I_{A_1} \tag{7-4}$$

$$I_{B_2} \geq I_{A_2} \tag{7-5}$$

$$I_{A_1} = I_{C_1} + I_{C_2} + I_{B_2} \tag{7-6}$$

若调阅相应的历史曲线进行比对分析时发现不符合上述规律的情形，则反映存在缺陷，不再赘述。

7.1.3 "毛刺"反映缺陷

有时在配电自动化系统的一些遥测量历史曲线中会观察到存在"毛刺"，如图7-9所示。认真分析这些"毛刺"，有助于发现配电自动化系统的缺陷及其性质。

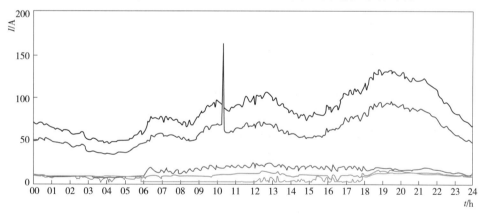

图7-9 历史曲线中的"毛刺"

最常见的"毛刺"是由于电磁干扰造成的，反映出配电终端的电磁兼容性能不佳。这类"毛刺"的主要特点是：同一遥测量历史曲线上多次出现"毛刺"，即有向上的"毛刺"，又有向下的"毛刺"，并且各个"毛刺"峰值对应的遥测量值一般都不相同。

有些配电自动化系统主站采取了一种不合理数据滤过技术，即设置合理数据上限和合理数据下限，将超出合理数据上限或下限的遥测数据分别修正为合理数据上限或下限，在这种情况下，有些"毛刺"的峰值就可能达到该遥测量的合理数据上限或下限。

有些配电自动化系统主站在与某个配电终端通信中断后，将来自该配电终端的所有遥测量都设置为0，这种处理方法并不十分合适，其表现就是会发现有时某一配电终端的所有遥测量历史曲线会在同一位置出现峰值为0的"毛刺"。

如果观察到某个遥测量的历史曲线在一段时期内频繁出现峰值相同的"毛刺"，此时应该高度关注，因为这通常反映相应配电终端经常死机而由"看门狗"（监视定时器）反复重启，或该终端的电源系统有缺陷（如容量不足、温度特性差、输入电压适应性差等）导致终端反复掉电—上电重启，而配电终端重启后，在还没有采集到实际的遥测信息时，收到主站召唤上传的遥测数据往往采用其初始化后内存中的默认值。

由于遥测量的历史曲线的采样间隔往往比较长（通常为5min及以上，很少有少于1min的），而遥测量刷新周期较短（一般在5s以下），因此如果在历史曲线中经常观查到"毛刺"，反映该配电自动化系统的数据质量已经存在较明显的缺陷，需要引起重视。

7.1.4 遥测响应速度慢

大部分情况下，遥测响应速度慢是由于通信通道的局限性造成的，比如采用主从通信方式时，主机对从机的数据交互采用轮询方式，若从机数量过多则导致轮询周期过长，导致遥测相应速度慢。

还有一种情况的表现是：当遥测对象（与流过开关的电流等）的值发生突变（比如开关分闸或合闸）后，在主站观察到该遥测量由当前值经过若干中间值逐渐过渡到最终值，这个过程持续了较长时间，而不符合相关标准要求。

造成上述现象的原因如下：

（1）由于测试时所使用的信号源的动态特性差造成，该信号源本身的输出经历了比较缓慢的过渡过程才达到稳定，对于这种情况就需要更换测试用信号源，如改用继电保护测试仪，它可以输出动态特性很好的电流突变信号。

（2）由于配电终端的遥测量检测算法存在缺陷，如有的配电终端根据较长的一段时间（有的甚至长达若干秒）内的采样数据积分平均后得出，还有一些配电终端对若干采样数据的均方根值（通常为4个或8个）进行平均，用以消除共模干扰的影响。上述处理都会导致是主站观察到的相应遥测量由当前值经过若干中间值逐渐过渡到最终值。这些处理手段的过去在地区电网调度自动化系统中也采用过，但是对于需要开展故障处理业务的配电自动化系统并不合适，因为故障处理过程需要准确地跟踪网络拓扑变化信息，而开关分闸与流过其的电流突变为0往往用作相关性检验措施。

7.2 与状态量采集有关的缺陷

状态量采集（即遥信）中的缺陷往往是严重影响配电自动化系统实用化的最重要问题之一，不仅仅是由于开关状态采集的不准确严重影响网络拓扑的准确性，而且大量的遥信误报会充满配电自动化系统的历史记录库，并且严重掩盖真正的状态告警信息的使用。

7.2.1 遥信误报问题

遥信误报是指状态量并未发生变位而在配电自动化系统主站反映出状态量发生了变位

的现象，它是状态量采集方面最主要的缺陷，如在某城市的配电自动化系统主站上1天竟然收到94万条之多的遥信变位信息，其中绝大多数都是误报，严重影响系统的使用。下面介绍造成遥信误报的主要原因。

1. 反映状态量的辅助接点抖动

反映状态量的辅助接点抖动是造成遥信误报的最主要原因，由于配电自动化系统采集的对象（如柱上开关、环网柜等）都处于户外恶劣条件下，辅助接点表面容易氧化而接触不良，而且大都距离机动车辆道路不远，大型车辆驶过会造成不小的振动，这些都是造成辅助接点抖动的原因。

有人试图采用增加辅助接点的数量来提高状态量采集的正确性，如采用两套辅助接点（即双点遥信）代替传统的一套辅助接点反映开关的状态，但这种做法却适得其反，用一些简单的数学分析说明其原因：假设一套辅助接点正确反映开关状态的概率是90%，那么采用两套辅助接点反映该开关状态时，只有在这两套辅助接点都正确反映开关状态时才能正确掌握开关的实际状态（试想，如果这两套辅助接点反映的开关状态不相同，其中一套辅助接点反映开关处于合闸状态，另一套辅助接点反映开关处于分闸状态，那么究竟应该信哪一套呢），这个概率只有 $90\% \times 90\% = 81\%$，可见比单独采用一套辅助接点的情况下能正确反映开关状态的概率还要低。

采用增加辅助接点的数量来提高状态量采集的正确性比较可行的方法是：采集三套辅助接点并采用"三取二"的策略，即当三套辅助接点所反映的开关的状态不同时，总有两套辅助接点所反映的开关的状态是相同的，将此状态当做该开关的状态。

采集 A、B、C 三套辅助接点并采用"三取二"的策略时，假设一套辅助接点正确反映开关状态的概率是90%，则错误反映的概率是10%，各种情况的概率如表 7-1 所示，其中"0"表示错误，"1"表示正确。

表 7-1　采集 A、B、C 三套辅助接点并采用"三取二"的策略时各种情况的概率

开关状态正确/错误	A	B	C	概率
错误	0	0	0	0.1%
错误	0	0	1	0.9%
错误	0	1	0	0.9%
正确	0	1	1	8.1%
错误	1	0	0	0.9%
正确	1	0	1	8.1%
正确	1	1	0	8.1%
正确	1	1	1	72.9%

可见，采取采集 A、B、C 三套辅助接点并采用"三取二"的策略后，正确反映开关状态的概率显著上升至 $100\% - 0.1\% - 0.9\% - 0.9\% - 0.9\% = 97.2\%$。但是，这种方式需要三套辅助接点，实际当中有时并不容易获得。

解决辅助接点接触不良问题的另一个方法是：将该辅助接点接入一个较高电压（如220V 或 110V）的状态量采集回路，并串入一个继电器的控制线圈将其转化为继电器接点

后再接入配电终端的遥信采集电路。20世纪末，地区调度自动化系统开始在我国推广应用时，也曾大量遇到反映变电站开关状态的遥信量误报问题，就是采用这种方法解决的。但是，在应用到配电自动化系统时，有时由于为配电终端供电的电压互感器二次侧电压较低，而难以获得辅助接点接入所需的"较高电压"，此时可以采用电力电子电路产生此"较高电压"，因所需功率不大，因此也比较容易实现。

采用软件消抖（即当配电终端检测到状态量变位后，延时一段时间后，若检测到该状态量仍维持在变位状态，则确认该变位，否则认为是抖动）的措施也具有一定的效果，但是容易降低状态量变位的时间分辨率，且延时时间也比较难于恰当把握。

当然，将总发生抖动的辅助接点更换较高质量的产品也是解决该问题的有效措施。

2. 配电终端或子站重启

配电终端或子站重启往往会造成批量遥信误报，原因在于当配电终端或子站重启时，在完成一轮状态量采集之前，在响应配电自动化系统主站召唤数据时，往往会将初始化时内存中的默认值上报，而这与所反映状态量的实际状态不相符，造成大批量遥信误报。

配电子站发生上述问题的可能性和造成的影响范围要比配电终端大得多，因为配电子站需要通过通信通道才能收集到各个配电终端采集的状态量，并且配电子站涉及的状态量数量远大于配电终端。

解决这个问题的方法是：科学设计配电子站和配电终端的程序，令其在重启或复位后，在还未完成一轮状态量采集之前，不要响应配电自动化系统主站的数据召唤即可。

3. 超级电容器作为备用电源储能元件时处理不当

相比蓄电池而言，超级电容器更加适合作为配电终端的备用电源储能元件，但是一些采用超级电容器作为备用电源储能元件的配电终端，直接像采用蓄电池作为备用电源储能元件时那样，将遥信采集回路的电压直接取自储能元件，这时在配电终端失去主供电源（如电压互感器）后，随着时间的增长，超级电容器上的电压逐渐降低，有时会造成配电终端遥信采集电路的逻辑电平翻转，表现出遥信变位的现象，从而造成遥信误报。

可见，这种遥信误报一般发生在配电终端失去主供电源并由超级电容器维持工作一段时间后。解决该问题的有效措施是：不要直接将储能元件的输出作为配电终端遥信采集回路的电源，而是经过一个DC/DC变换器稳压后再提供给配电终端遥信采集回路；另外，根据超级电容的容量和配电终端、通信设备及开关操作所需的能量，科学计算出超级电容器造成配电终端遥信采集电路的逻辑电平翻转的时间（或检测造成配电终端遥信采集电路的逻辑电平翻转的超级电容残留电压值），并在此时间之前（或检测到超级电容上的电压低于此电压前）关闭该配电终端。

4. 其他原因

遥信点表配置错误当然也会造成当一个状态量变位时却误报为另一个状态量变位，此时往往同时存在另一个遥信量的漏报，但有时因该遥信量被配置给一个不太重要的量，而不太得到关注，因此往往不能及时发现这个遥信漏报。仔细核对点表配置可以解决此问题。

电磁干扰也会造成遥信误报，需要加强配电终端的电磁兼容性能。

7.2.2 遥信漏报问题

遥信漏报是指状态量已经发生了变位，而在配电自动化系统主站却未及时反映该变位的现象，它也是采集方面比较常见的缺陷，会严重影响系统的使用。除了配置错误以外，造成遥信漏报的原因还有很多，主要有以下几种。

1. 备用电源失灵

配电终端都必须拥有可靠的备用电源以应对失去主供电源（如电压互感器 TV）时维持配电终端和通信设备工作以及执行对开关的遥控操作，储能元件非常关键，过去一般采用蓄电池，今后的发展趋势是采用超级电容器。长期工作在户外恶劣环境下的蓄电池非常容易损坏，并且又不易察觉。一旦储能元件损坏，在该配电终端所在馈线段失压时期内发生的开关变位信息（如失压脱扣开关因失压分闸、故障后该配电终端所监控断路器跳闸，且其上游断路器也同时越级跳闸等情形）就会误报。

2. 通信障碍

若在传送状态量变位信息时，通信通道出现障碍，将会导致遥信变位报文不能正确接收，配电自动化系统主站需要等到召唤全数据时才能获得该变位信息。若在配电自动化系统主站召唤全数据之前，该状态量又再次变位，恢复之前的状态，那么配电自动化系统主站将永远遗漏之前的那次遥信变位。

3. 召唤全数据间隔过长

配电自动化系统所采用的通信协议一般支持遥信变位及时上传以及召唤全数据等功能，但有的配电自动化系统运维人员认为召唤全数据带来的数据传输量太大而担心影响通信通道的效率，刻意将召唤全数据的时间间隔设置的很长（如 0.5h、1h，甚至更长），甚至取消了主站召唤全数据功能，这样做非常不利。因为配电网一般比较稳定，配电开关变位很少发生，一旦由于某种原因（如通信障碍等）导致一个状态量变位被遗漏，则在配电自动化系统主站召唤全数据之前，主站数据库中该状态量的状态就与其实际状态不相符合，直到召唤全数据时才能重新得到该遥信变位信息，并使主站数据库中该状态量的状态与实际状态一致。当然，若在配电自动化系统主站召唤全数据之前，该状态量又再次变位，恢复之前的状态，那么配电自动化系统主站将永远遗漏之前的那次遥信变位。

4. 其他原因

（1）遥信量点表配置错误、开关的辅助接点障碍等因素也会造成遥信变位漏报。

（2）配电终端在所监测的状态量变位时死机或处于重启状态通常不至于导致该遥信变位被遗漏，因为一旦该配电终端重启完成后，就会立即上报所监测的状态量的当前状态。但是，在一些情况下，某个状态量变位后在很短的时间内再次变位回复先前状态，如架空线路的重合闸失败的过程，在这种情况下，如果配电终端的状态量采集周期过长，或通道在上传遥信变位时发生障碍，或配电终端在所监测的状态量变位时死机或处于重启状态，则可能造成对该过程中的遥信变位记录永久性的不完整。

（3）事件顺序记录（SOE）比遥信变位信息更容易抵御漏报，因为它是以记录形式存储和报送的。但是，有时 SOE 信息也会遗漏，主要原因有：

1）配电终端的 SOE 缓冲区太小，当状态量变位频发时，可能遗漏一部分记录。

2）配电自动化系统主站与配电终端就 SOE 报文传输方面没有建立稳妥的机制，即使主站在接受 SOE 报文出现障碍时，配电终端仍然立即清除了相应的 SOE 记录。

此外，由于种种原因造成配电终端时钟紊乱，某条 SOE 记录被打上了不正确的时间戳（采用软件对时的情况下，在配电终端重启完成而还未完成对时的一段时间内，配电终端的时钟往往采用默认时间基准，如 1982 年 1 月 1 日 0 时 0 分 0 秒 0 毫秒），使配电自动化系统主站即使收到了该 SOE 记录，也没有被存放在数据库中正确的位置，导致按照时间段调阅 SOE 记录时，查看不到该 SOE 记录。

7.3　与遥控有关的缺陷

遥控失败严重影响配电自动化系统的实用性，造成遥控失败的原因有很多，主要有以下几种。

1. 配置错误

配置错误是十分低级的错误，但是却是造成遥控错误的重要原因之一。配置错误可能会导致遥控失败甚至是本该动作的开关不动作而另外一个开关却误动作，后者的后果更加严重。

配置错误造成的遥控问题比较容易发现，通过投运前的遥控传动试验就可以暴露，但是遗憾的是在现实当中配置错误仍比较常见，原因就是在遥控传动试验之后，又由于种种原因进行过图形或数据库的编辑或修改工作。

因此，避免配置错误造成的遥控问题主要依靠加强管理，即尽量在遥控传动试验后不要再随意修改与遥控相关的配置（包括图形界面和遥控、遥信数据库配置），如果确实需要修改，则需要严格把关、谨慎进行，而且还必须对更改过的部分（或新增加的部分）重新进行遥控传动试验。

2. 电磁兼容问题

电磁兼容性差也是造成遥控误动的主要原因，但是与配置错误造成的遥控误动不同，电磁兼容性差造成的遥控误动的范围一般不会超出一个配电终端的控制对象范围，表现为除了本该动作的开关动作之外，同一台配电终端所控制的其他开关也有误动。

电磁兼容性差属于配电终端中最严重的缺陷之一，在型式试验中就能暴露出来，但遗憾的是，一些制造企业用于进行型式试验的配电终端与实际批量生产的配电终端所采用的工艺甚至设计都不完全相同，而在用户的交货现场，电磁兼容性问题往往容易被忽视。

避免电磁兼容性问题的有效管理手段之一是在用户侧加强到货检验，包括电磁兼容方面，并为制造企业建立信誉档案，在系统内共享该信誉档案，同时在招标中一票否决信誉差的制造企业。

3. 备用电源问题

备用电源问题造成遥控失败的主要原因在于其储能元件失效，比如在冬季寒冷的我国东北地区，用做储能元件的蓄电池过冬后性能都大大降低甚至损坏，导致在配电终端失去主供电源时（如越级跳闸时），对所控制的开关的遥控失败。

另一类更为严重的因备用电源导致遥控失败的缺陷是：一些制造企业竟然直接采用蓄

电池提供遥控回路所需的电压，在这种设计下，一旦在蓄电池故障或进行深放电管理或更换中的情形，即使该配电终端的主供电源正常无缺，也无法正确执行遥控命令。

当然，由于电源模块的故障率比较高，在电源模块故障的情况下，也会造成遥控失败。

4. 遥信错误及漏报

遥信错误也会造成遥控失败，甚至连遥控选点都不能进行，因为在一些配电自动化系统主站上，为了确保遥控的可靠性，将拟对某个开关进行的遥控操作与该开关的状态进行连锁，如果一台开关处于合闸状态，则只允许对其进行分闸遥控。

在实际当中，有时会发生由于反映拟遥控的开关状态的遥信量与实际状态不对应，使调度员无法执行相应遥控的情形。解决这个问题的有效手段之一就是立即人工启动召唤一次至少包括拟遥控开关的全数据，如果此时通信通道和相应配电终端都正常，该开关的正确状态信息将会立即传到配电自动化系统主站，接下来即可进行遥控操作；如果仍然收不到正确反映该开关的状态信息，则可能是通信通道障碍或相应配电终端故障，也可能是该开关的辅助接点存在缺陷，如果是前者，则显然不具备遥控的条件，为了解决后者造成的遥控操作障碍，可以要求配电自动化系统主站制造企业开发出一套强制遥控操作的流程。

另一类造成遥控失败的遥信问题是，其实遥控已经成功了，开关也正确动作了，但是在超时时间段内，由于反映该开关状态变位的遥信漏报，导致配电自动化系统主站认为这次遥控失败了，并将这条信息写入操作记录，即使随后一段时间后，随着召唤全数据过程使相应的遥信信息正确送到主站，也无法改变这次失败的记录。

上述情形并不会对实际工作造成太大的影响，但是在对应用单位的遥控成功率进行考核时，如果仅仅依据该应用单位配电自动化系统的操作记录进行评价，则有可能比较偏颇，而应该综合配电自动化系统的操作记录和遥信变位信息以及事件顺序记录（SOE）信息进行评估考核。

5. 通信障碍

通信障碍是造成遥控失败的另一个常见原因，往往表现为遥控选点失败，或遥控选点成功，遥控执行却多次不成功，导致超时。

在实际应用当中，在希望进行遥控时，虽然经过了几次遥控失败，但是最终在很短的时间内（如3min）完成了相应的遥控操作，则对应用没有太大的影响。考虑到配电自动化系统的通信通道质量往往比较差，上述问题不必作为缺陷进行考核。

7.4 与故障处理有关的缺陷

配电自动化系统的故障处理过程（也即馈线自动化FA功能）是建立在遥信、遥测、遥控各个环节以及开关、配电终端、通信通道、配电子站、配电自动化系统主站等各个部分都正常的基础上，在配电自动化系统主站的故障处理逻辑指挥下，各个相关环节和部分相互协调配合的过程，因此上述各个环节和部分的缺陷，也必然会导致故障处理过程的失败，不再赘述。其他一些原因也会导致于配电自动化系统的故障处理过程失败，主要原因如下。

1. 故障信息漏报、误报

通信障碍或配电终端故障会导致故障信息漏报或误报，除此之外，还有另一类相当普遍的导致故障信息漏报的原因，即电流互感器饱和造成的故障信息漏报。

由于流过配电分支上的电流往往很小，如一条电缆馈线在满足 $N-1$ 准则的情况下，正常时的负载能力不超过 300A，若馈线上布置了 5 台环网柜，每台环网柜有 4 条出线分支，则每个分支平均最大载流量为 300/5/4 = 15（A），再考虑到负荷曲线的波动性，在谷期每个支线的载流量平均在 7~8A。

一些应用单位为了确保支线电流遥测的准确性，往往选用了变比为 50/5 的电流互感器，电流互感器的 10 倍额定电流值只有 500A，但是支线发生相间短路故障时，流过的短路电流也会达到几千安，很容易造成相应电流互感器饱和而漏报故障信息。

上述遥测精度和故障时的抗饱和能力相互矛盾时，应以保证故障情况下故障信息不致因饱和而漏报为优先考虑，即应选择变比为 600/5 的电流互感器。因为，这些分支电流较小，对配电网的运行不会造成太大的影响，没有必要保证那么高精度的遥测，但是分支故障时若故障信息漏报，则会影响故障定位的分辨率，有可能造成分支故障时却令相应馈线段整段停运而影响大量健全分支上的用户正常供电。

即使确实需要准确测量流过分支的电流的情形，也可以仅在 B 相装设变比为 50/5 的电流互感器，而在 A 相和 C 相仍然装设变比为 600/5 的电流互感器。这样可以兼顾遥测精度和故障信息正确上报。

在配电自动化系统中，完全克服故障信息误报和漏报不太现实，因此应该要求配电自动化系统主站的故障定位逻辑要具有一定的容错性。实际上故障定位甚至故障处理过程中故障信息是具有一定的冗余性的，如相间短路故障往往至少会有两相流过故障电流的信息上报，而且在馈线沿线流过一连串开关的故障电流信息中，漏报中间个别开关的故障信息并不会对故障定位结果产生太大的影响，是完全可以避免故障定位错误的[51-52]。

在本书 5.2 节和 5.3 节中就给出了一些典型的在故障信息漏报情况下考察配电自动化系统主站的故障定位性能测试用例可供参考。

2. 变电站未及时转发故障相应的状态信息

在一些馈线沿线安装的分段开关都是负荷开关，馈线发生故障后，变电站出线断路器会跳闸遮断故障电流。在另一些情形下，即使有些分段开关是断路器，但是由于继电保护配合的原因（如变电站出线断路器配置有瞬时速断保护的情形），馈线发生故障后，变电站的出线断路器仍会发生越级跳闸现象。

对于配电自动化系统主站而言，馈线故障发生后，某一台断路器保护动作跳闸是其故障处理过程（即 FA）的启动条件，随后是一段故障信息收集时间（一般为 10~30s），在故障信息收集完成后，配电自动化系统主站将根据这些故障信息进行故障定位。

由于流过馈线分段开关的故障信息和开关变位信息是由相应配电终端直接传送到配电自动化系统主站的，而变电站出线断路器的故障信息及开关变位信息则主要来自于地区调度自动化系统转发到配电自动化系统主站，而有的应用单位没有将这个转发环节建设得很完善，导致变电站出线断路器的故障信息及开关变位信息传送到配电自动化系统主站的延时时间很长而超过了故障信息收集时间。在这种情况下，即使配电自动化系统主站启动了其故障处理过程（即 FA），但是由于没有来自分段开关的故障信息与之匹配，则有可能将故障区域错误定位在变电站出线断路器与馈线首级开关之间。

如果配电自动化系统主站遗漏了来自地区调度自动化系统转发的变电站出线断路器的故障信息及开关变位信息，则故障处理过程就无法启动。

因此，高效可靠的地区调度自动化系统转发是确保配电自动化系统故障处理的重要基础。

3. 故障定位范围与故障隔离和供电恢复绑定

一些配电自动化系统将故障定位范围与故障隔离和供电恢复绑定，即在配电自动化系统主站中没有区分开关安装的是一遥配电终端（故障指示器）、两遥配电终端还是三遥配电终端，而将故障能够定位的区域与故障可以自动隔离的区域等同。

实际上，故障可以定位的最小区域是由安装了具有故障信息上报功能的配电终端［包括一遥配电终端（故障指示器）、两遥配电终端和三遥配电终端］的开关所围成的最小区域；故障可以隔离的最小区域则只能是由安装了具有遥控功能的三遥配电终端的开关所围成的最小区域。

故障能够定位的区域与故障可以自动隔离的区域是不相同的，前者往往比后者更加精细。

4. 缺乏故障处理所需的开关操作步骤

一些配电自动化系统，只指出了故障定位的区域以及故障处理后配电网的目标运行方式，包括：哪些开关需要合闸、哪些开关需要分闸等。但是并没有给出从当前运行方式过渡到故障处理后配电网的运行方式所需采取的开关操作步骤。

实际上，即使得出的目标运行方式正确，但是由于采取的开关操作顺序不正确，也有可能导致在故障处理过程中造成某些馈线开关因过负荷保护动作而跳闸，从而扩大故障的影响范围。

5. 遥控未能一次成功

由 7.3 节可见，对于配电自动化系统而言，遥控未能一次成功的现象难以完全避免。一些配电自动化系统在故障处理过程中，一旦遇到某个开关遥控操作失败，即立即终止了其故障自动处理过程。其实，只需采取若遥控失败则连续遥控若干次（如 3 次）的补救措施，就可以确保大多数存在暂时遥控障碍的故障处理过程得以完整进行，并最终过渡到目标运行方式。

在连续多次遥控某台开关都失败的情况下，优秀的配电自动化系统主站还可以调整其故障处理策略，绕过对这个开关的遥控操作，而最大限度地恢复受故障影响的负荷供电[51]。

6. 缺乏返回正常运行方式的策略

一些配电自动化系统主站只能提供故障后的故障处理策略，而缺乏故障修复后返回正常运行方式所需采取的开关操作顺序自动生成功能，也会对应用造成一定影响。

7.5 本章小结

（1）配电自动化系统的一些缺陷可以利用调阅遥测量的历史曲线、遥测数据的相关性等方式来发现。

（2）遥信误报问题是配电自动化系统状态量采集方面最主要的缺陷，主要原因包括有：反映状态量的辅助接点抖动、配电终端或子站重启、采用超级电容器作为备用电源储能元件时处理不当等。

（3）遥信漏报的主要原因有：备用电源失灵、通信障碍、召唤全数据间隔过长等。

（4）遥控失败严重影响配电自动化系统的实用性，造成遥控失败的主要原因有：配置错误、电磁兼容问题、备用电源问题、遥信错误及漏报、通信障碍等。

（5）故障信息漏报或误报、变电站未及时转发故障相应的状态信息、故障定位范围与故障隔离和供电恢复绑定、缺乏故障处理所需的开关操作步骤、遥控未能一次成功、缺乏返回正常运行方式的策略等都是与配电自动化系统故障处理有关的缺陷。

附录　国家电网公司配电自动化系统基本功能测试表（工程验收前开展）

——城市配电自动化系统基本功能测试报告

配电自动化系统基本功能测试组

年　　月　　日

一、项目建设单位：	
二、主站系统制造单位及型号：	

三、终端制造单位及型号
FTU：
DTU：

四、通信方式：

五、测试项目及测试方法（详见分项报告）

序号	测试项目	测试方法
1	系统建模	观察对给定测试网架的系统建模过程，用注入测试系统与配电自动化系统主站相连，测试其网络拓扑分析和动态拓扑着色功能，检验模型的正确性
2	"三遥"正确性	在选定配电终端施加电流，测试终端的遥测精度和系统响应时间；在选定终端端子做短接试验，测试终端的遥信正确率和系统响应时间；通过遥控传动控制选定备用开关或联络开关测试遥控正确率和传输时间；在选定配电终端施加故障电流，观察主站收到的故障信息
3	配电自动化系统主站的故障处理性能测试	针对给定测试网架，采用用主站注入测试系统 DATS－1000 模拟典型故障现象，测试配电自动化系统主站的故障处理性能
4	终端、通信、子站、主站在故障处理中的配合测试	在选定的馈线上利用主站注入测试系统 DATS－1000 和二次注入测试设备 DATS－2000 协同测试，在不停电的情况下，模拟故障现象，对配电自动化系统各个环节的协调配合进行测试，检验馈线自动化的可用性

六、测试使用的主要仪器设备
（1）DATS－1000 配电自动化主站注入测试系统 1 套。
（2）DATS－2000 配电网故障同步测试装置（已校验）。
（3）秒表 1 块

七、测试人员：

八、测试日期：　　　年　　月　　日

九、备注：

十、分项报告

1. 系统建模测试

1.1　测试网架录入

1.1.1　测试方法： 观察对给定测试网架的系统建模过程

1.1.2　测试网架 1）电缆网：测试模型如图 A－1 所示。 2）架空网：测试模型如图 A－2 所示。

1.1.3　系统建模过程评价

序号	项目	评价
1	利用图模一体化建模工具建模	
2	外部系统信息导入建模	

1.2 网络拓扑分析测试

1.2.1 测试方法：

采用注入测试系统与配电自动化系统主站相连，改变注入测试系统上测试网架的开关状态，并令被测试主站进行网络拓扑分析和动态拓扑着色，检验模型的正确性和网络拓扑分析性能

1.2.2 测试结果：

1.3 测试结论：合格/不合格

2."三遥"正确性测试

2.1 遥测测试

2.1.1 测试方法：

在选定终端用继电保护测试仪施加电流，测试终端的遥测误差和系统响应时间

2.1.2 测试结果

测点名称1		终端制造厂家		TA变比	
序号	测试项目	测试结果			
1	遥测精度 （终端二次注入）	设定值/A		遥测值/A	
		1.0			
		3.0			
		5.0			
		结论		合格/不合格	
2	响应时间 （从加入电流到主站界面显示值刷新）	测试场景		响应时间/s	
		0.0A→1.0A			
		1.0A→0.0A			
		0.0A→3.0A			
		3.0A→0.0A			
		0.0A→5.0A			
		5.0A→0.0A			
		结论		合格	

说明：					
测点名称 2		终端制造厂家		TA 变比	
......					
测点名称 3		终端制造厂家		TA 变比	
......					
......					
测点名称 N		终端制造厂家		TA 变比	
......					

2.2 遥信测试

2.2.1 测试方法：
对选定终端进行传动操作，测试开关动作到系统响应时间

2.2.2 测试结果

测点名称 1			终端制造厂家	
序号	测试项目		测试结果	
1	遥信采集	测试场景	结果	
		分→合		
		合→分		
		结论	合格/不合格	
2	系统响应时间/s	测试场景	结果/s	
		分→合		
		合→分		
		结论	合格/不合格	

说明：		
测点名称 2		终端制造厂家
......		
测点名称 3		终端制造厂家
......		
测点名称 4		终端制造厂家
......		
测点名称 5		终端制造厂家
......		
......		
测点名称 M		终端制造厂家
......		

2.3 遥控测试

2.3.1 测试方法:
通过遥控传动控制选定备用开关或联络开关测试遥控正确率和传输时间

2.3.2 测试结果

测点名称 1		终端制造厂家	
序号	测试项目	测试结果	
1	遥控执行情况	测试场景	结果
		分→合	
		合→分	
		结论	合格/不合格
2	遥控执行时间/s （遥控命令下发至现场机构动作时间）	测试场景	结果/s
		分→合	
		合→分	
		结论	合格/不合格

说明：

测点名称 2		终端制造厂家	
……			

测点名称 3		终端制造厂家	
……			

测点名称 4		终端制造厂家	
……			

测点名称 5		终端制造厂家	
……			

测点名称 H		终端制造厂家	
……			

2.4 故障信息采集

2.4.1 测试方法:
通过继电保护测试仪加故障电流，观察主站是否收到故障信息

2.4.2 测试结果

测点名称 1		终端制造厂家		TA 变比	
测试项目		测试结果			
故障信息响应时间/s （从加入电流到主站界面显示值刷新）		测试场景	响应时间/s		
		20.0A/200ms			
		20.0A/100ms			
		20.0A/50ms			
		20.0A/30ms			
		结论	合格/不合格		

说明：					
测点名称 2		终端制造厂家		TA 变比	
		......			
测点名称 3		终端制造厂家		TA 变比	
		......			
测点名称 4		终端制造厂家		TA 变比	
		......			
测点名称 5		终端制造厂家		TA 变比	
		......			
测点名称 6		终端制造厂家		TA 变比	
		......			
		......			
测点名称 L		终端制造厂家		TA 变比	
		......			

3. 配电自动化系统主站的故障处理性能测试：

3.1 电缆线路故障处理测试（主站注入测试法）

3.1.1 测试方法：
用注入测试系统模拟 4 种典型故障现象，测试配电自动化系统主站的故障处理性能

3.1.2 测试结果

故障设置	测试结果				
	故障信息指示	故障定位	故障处理策略	自动故障处理	截图
A. 环网柜母线故障	正确/不正确	正确/不正确	正确/不正确	正确/不正确	
B. 馈线故障 1	正确/不正确	正确/不正确	正确/不正确	正确/不正确	
C. 馈线故障 2	正确/不正确	正确/不正确	正确/不正确	正确/不正确	
D. 负荷侧故障	正确/不正确	正确/不正确	正确/不正确	正确/不正确	

说明：

3.2 架空线路故障处理测试（主站注入测试法）

3.2.1 测试方法：
采用注入测试系统模拟 3 种典型故障现象，测试配电自动化系统主站的故障处理性能

3.2.2 测试结果

故障设置	测试结果				
	故障信息指示	故障定位	故障处理策略	自动故障处理	截图
Ⅰ. 馈线故障	正确/不正确	正确/不正确	正确/不正确	正确/不正确	
Ⅱ. 馈线故障越级跳闸	正确/不正确	正确/不正确	正确/不正确	正确/不正确	
Ⅲ. 负荷侧故障	正确/不正确	正确/不正确	正确/不正确	正确/不正确	

说明：

3.3 多重故障处理测试（主站注入测试法）

3.3.1 测试方法：

针对给定的电缆和架空配电网，采用注入测试系统模拟多处故障现象，测试配电自动化系统主站的多重故障处理性能

3.3.2 测试结果

故障设置	测试结果				
	故障信息指示	故障定位	故障隔离	供电恢复	截图
A+C+D+I	正确/不正确	正确/不正确	正确/不正确	正确/不正确	

说明：

3.4 故障处理健壮性测试（主站注入测试法）

3.4.1 测试方法：

采用注入测试系统模拟典型故障现象，并设置信息漏报和开关拒动现象，测试配电自动化系统主站的故障处理性能

3.4.2 测试结果

故障设置	测试结果				
	故障信息指示	故障定位	交互式故障处理	自动故障处理	截图
馈线故障信息漏报	正确/不正确	正确/不正确	正确/不正确	正确/不正确	
馈线故障开关拒分	正确/不正确	正确/不正确	正确/不正确	正确/不正确	

说明：

4. 终端、通信、子站、主站故障处理的配合测试（主站与二次协同注入测试法）

检查项目	模拟的故障位置	测试情况	评价
环网柜母线故障处理可用性	环网柜母线故障	故障发生时间：	合格/不合格
		故障定位情况：正确/不正确	
		故障隔离情况：正确/不正确	
		供电恢复情况：正确/不正确	
环网柜出线故障处理可用性	环网柜出线故障	故障发生时间：	合格/不合格
		故障定位情况：正确/不正确	
		故障隔离情况：正确/不正确	
		供电恢复情况：正确/不正确	
电缆干线故障处理可用性	电缆故障	故障发生时间：	合格/不合格
		故障定位情况：正确/不正确	
		故障隔离情况：正确/不正确	
		供电恢复情况：正确/不正确	

十一、测试汇总		
分项名称	测试项目	评价
系统建模	测试网架录入	合格/不合格
	网络拓扑分析	合格/不合格
"三遥"正确性	遥测精度	合格/不合格
	遥测响应速度	合格/不合格
	遥信正确率	合格/不合格
	遥信响应速度	合格/不合格
	遥控正确率	合格/不合格
	遥控执行时间	合格/不合格
	故障信息采集	合格/不合格
配电自动化系统主站的故障处理性能测试	电缆线路故障处理测试	合格/不合格
	架空线路故障处理测试	合格/不合格
	多重故障处理	合格/不合格
	故障处理的健壮性	合格/不合格
终端、通信、子站、主站故障处理的配合测试	环网柜母线故障处理	合格/不合格
	环网柜出线故障处理	合格/不合格
	电缆干线故障处理	合格/不合格

十二、问题和建议

（1）
（2）
（3）
（4）

十三、测试人员签字

年　　月　　日

十四、审核

年　　月　　日

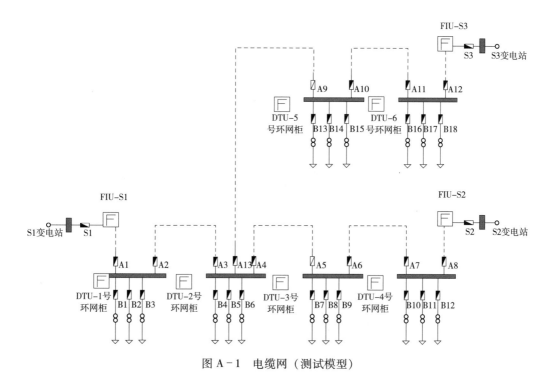

图 A-1 电缆网（测试模型）

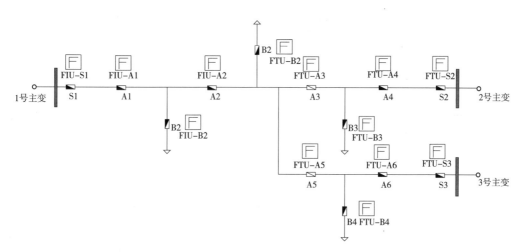

图 A-2 架空网（测试模型）

参 考 文 献

［1］ 刘东. 配电自动化系统试验［M］. 北京：中国电力出版社，2004.

［2］ Aditya P. Mathur. 软件测试基础教程［M］. 北京：机械工业出版社，2011.

［3］ 李龙，李向函，等. 软件测试实用技术与常用模板［M］. 北京：机械工业出版社，2011.

［4］ 周英树，等. 配电自动化系统功能规范［M］. 北京：中国电力出版社，2002.

［5］ James A. Whittaker. 实用软件测试指南［M］. 北京：电子工业出版社，2003.

［6］ 中低压配电网自动化系统安全防护补充规定（试行）.（国家电网调〔2011〕168 号）.

［7］ 孙涵彦，刘东. 基于时—空模型的电力市场交易信息安全策略［J］. 华东电力，2006（5）：1－5.

［8］ Q/GDW 382—2009 配电自动化技术导则［S］. 北京：中国电力出版社，2011.

［9］ Q/GDW 625—2011 配电自动化建设与改造标准化设计技术规定［S］. 北京：中国电力出版社，2011.

［10］ Q/GDW 626—2011 配电自动化系统运行维护管理规范［S］. 北京：中国电力出版社，2011.

［11］ Q/GDW 567—2010 配电自动化系统验收技术规范［S］. 北京：中国电力出版社，2011.

［12］ Q/GDW 514—2010 配电自动化终端/子站功能规范［S］. 北京：中国电力出版社，2011.

［13］ Q/GDW 513—2010 配电自动化主站系统功能规范［S］. 北京：中国电力出版社，2011.

［14］ 颜松远. 计算数论［M］. 2 版. 北京：清华大学出版社，2008.

［15］ http：//www. oscca. gov. cn/Doc/2/News _ 1197. htm.

［16］ http：//www. oscca. gov. cn/Doc/2/News _ 1199. htm.

［17］ 刘东，闫红漫. 配电自动化系统试验技术及其进展［J］. 电工技术杂志，2004（7）：34－37.

［18］ 刘东，闫红漫，丁振华，等. 馈线自动化的出厂试验与现场试验技术方案［J］. 电力系统自动化，2005，29（3）：81－85.

［19］ 翁之浩，刘东，柳劲松，等. 基于并行计算的馈线自动化仿真测试环境［J］. 电力系统自动化，2009，33（7）：43－46，51.

［20］ 凌万水，刘东，陈新，等. 馈线自动化算法可靠性的量化评价方法及其应用［J］. 电力系统自动化，2012，36（7）：71－75，109.

［21］ 凌万水，刘东，陆一鸣，等. 基于 IEC 61850 的智能分布式馈线自动化模型［J］. 电力系统自动化，2012，36（6）：90－95.

［22］ 凌万水，刘东，洪俊，等. 形式化校验技术在智能配电网自愈中的应用［J］. 电力系统自动化，2012，36（18）：62－66.

［23］ 孙辰，刘东，凌万水，等. 配电自动化远程终端的可信研究［J］. 电网技术，2014，38（3）：736－743.

［24］ 陆一鸣，刘东，柳劲松，等. 智能配电网信息集成需求及模型分析［J］. 电力系统自动化，2010，34（8）：1－4，96.

［25］ 于洋，刘东，陆一鸣，等. 基于本体的 IEC 61968 标准信息模型一致性校验［J］. 电力系统自动化，2012，36（14）：46－51.

［26］ 王伊晓，刘东，陆一鸣，等. IEC 61968 消息一致性测试方法研究与实现［J］. 电网技术，2014，38（10）：1736－1743.

［27］ 刘健，倪建立，邓永辉. 配电自动化系统［M］. 北京：中国水利水电出版社，1999.

［28］ 陈堂，赵祖康，陈星莺，等. 配电系统及其自动化技术［M］. 北京：中国电力出版社，2002.

［29］ 刘健，赵树仁，张小庆. 中国配电自动化的进展及若干建议［J］. 电力系统自动化，2012，36（19）：12－16.

［30］ 刘健，崔建中，顾海勇. 一组适合于农网的新颖馈线自动化方案［J］. 电力系统自动化，2005，29（11）：82－86.

［31］ 刘健，贠保记，崔琪，等. 一种快速自愈的分布智能馈线自动化系统［J］. 电力系统自动化，2010，34（10）：82－86.

［32］ 刘健，张小庆，赵树仁，等. 配电自动化故障处理性能主站注入测试法［J］. 电力系统自动化，2012，36（18）：67－71.

［33］ 刘健，沈兵兵，赵江河，等. 现代配电自动化系统［M］. 北京：中国水利水电出版社，2013.

［34］ 刘健，张小庆，赵树仁，等. 主站与二次同步注入的配电自动化故障处理性能测试方法［J］. 电力系统自动化，2014，38（7）.

［35］ 刘健，董新洲，陈星莺，等. 配电网故障定位与供电恢复［M］. 北京：中国电力出版社，2013.

［36］ 孙福杰，王刚军，李江林. 配电网馈线自动化故障处理模式的比较及优化［J］. 继电器，2001，29（8）：17－20.

［37］ 刘健，倪建立，杜宇. 配电网故障区段判断和隔离的统一矩阵算法［J］. 电力系统自动化，1999，23（1）：31－33.

［38］ 朱发国，孙德胜，姚玉斌，等. 基于现场监控终端的线路故障定位优化矩阵算法［J］. 电力系统自动化，2000，24（15）：42－44.

［39］ 蒋秀洁，熊信银，吴耀武，等. 改进矩阵算法及其在配电网故障定位中的应用［J］. 电网技术，2004，28（19）：60－63.

［40］ 刘健，董海鹏，蔡建新，等，配电网故障判断与负荷均衡化［J］. 电力系统自动化，2002，26（22）：34－38.

［41］ 林景栋，曹长修，张帮礼. 基于分层拓扑模型的配电网故障定位优化算法［J］. 继电器，2002，30（8）：6－9.

［42］ 盛四清，王峥. 基于树型结构的配电网故障处理新算法［J］. 电网技术，2008，32（8）：42－46.

［43］ 苏永智，潘贞存，丁磊. 一种复杂配电网快速故障定位算法［J］. 电网技术，2005，29（18）：75－78.

［44］ 费军，单渊达. 配网中自动故障定位系统的研究［J］. 中国电机工程学报，2000，20（9）：32－34.

［45］ 卫志农，郑玉平，等. 配电网故障定位的一种新算法［J］. 电力系统自动化，2001，25（14）：48－50.

［46］ 卫志农，何桦，郑玉平. 配电网故障区间定位的高级遗传算法［J］. 中国电机工程学报，2002，22（4）：127－130.

［47］ 杜红卫，孙雅明，刘宏靖，等. 基于遗传算法的配电网故障定位与隔离［J］. 电网技术，2000，24（5）：52－55.

［48］ 郭壮志，陈波，刘灿萍，等. 基于遗传算法的配电网故障定位［J］. 电网技术，2007，31（11）：88－92.

［49］ 陈鹏，滕欢，滕福生. 故障信息不足时配电网故障定位的方法［J］. 电力系统自动化，2003，27（10）：71－72.

［50］ 王英英，罗毅，涂光瑜. 基于贝叶斯公式的似然比形式的配电网故障定位方法［J］. 电力系统自动化，2005，29（19）：54-57.

［51］ 刘健，赵倩，程红丽，等. 配电网非健全信息故障诊断及故障处理［J］. 电力系统自动化，2010，34（7）：50-56.

［52］ 刘健，董新洲，陈星莺，等. 配电网容错故障处理关键技术研究［J］. 电网技术，2011，36（1）.

［53］ 蔡乐，朱小平，等. 改进的配电网故障定位、隔离与恢复算法［J］. 电力系统自动化，2001，25（16）：48-50.

［54］ 袁钦成. 配电系统故障处理自动化技术［M］. 北京：中国电力出版社，2007.

［55］ 刘健，张志华，张小庆，等. 继电保护与配电自动化配合的配电网故障处理［J］. 电力系统保护与控制，2011，39（16）：53-57.

［56］ R M Ciric, D S Popovic. Multi-Objective Distribution Network Restoration Using Heuristic Approach and Mix Integer Programming Method［J］. International Journal of Electrical Power & Energy Systems, 2000, 10（22）：497-505.

［57］ Perez-Guerrero, R, et al. Optimal Restoration of Distribution Systems Using Dynamic Programming［J］. IEEE Transactions on Power Delivery, 2008, 23（3）：1589-1596.

［58］ Karen NanMiu, Hsiao-Dong Chiang, Bentao Yuan. Fast Service Restoration for Large-Scale Distribution System with Priority Customers and Constraints［J］. IEEE Transactions on Power System, 1998, 13（3）：789-795.

［59］ Kleinberg, M R, K Miu and H D Chiang. Improving Service Restoration of Power Distribution Systems Through Load Curtailment of In-Service Customers［J］. IEEE Transactions on Power Systems, 2011, 26（3）：1110-1117.

［60］ Chao-Shun Chen, Chia-Hung Lin. A Rule-Based Expert System with Colored Petri Net Models for Distribution System Service Restoration［J］. IEEE Transactions on Power Systems, 2002, 17（4）：1073-1080.

［61］ W M Lin, H C Chin. Preventive and Corrective Switching for Feeder Contingencies in Distribution System with Fuzzy Set Algorithm［J］. IEEE Trans on Power Delivery, 1997, 12（4）：1711-1716.

［62］ 李海锋，张尧，钱国基，等. 配电网故障恢复重构算法研究［J］. 电力系统自动化，2001，25（8）：34-37.

［63］ Thi, T H P, Y Besanger, N Hadjsaid. New Challenges in Power System Restoration With Large Scale of Dispersed Generation Insertion［J］. IEEE Transactions on Power Systems, 2009, 24（1）：398-406.

［64］ 刘健，赵树仁，张小庆，等. 配电网故障处理关键技术［J］. 电力系统自动化，2011，35（24）：74-79.

［65］ 刘健，张志华，张小庆，等. 配电网模式化故障处理方法研究［J］. 电网技术，2011，35（11）：97-102.

［66］ 刘健，徐精求，程红丽. 紧急状态下配电网大面积断电快速恢复算法［J］. 中国电机工程学报，2004，24（12）：132-138.

［67］ 卢志刚，董玉香. 基于改进二进制粒子群算法的配电网故障恢复［J］. 电力系统自动化，2006，30（24）：39-43.

［68］ 刘栋，陈允平，沈广，等. 基于 CSP 的配电网大面积断电供电恢复模型和算法［J］. 电力系统自动化，2006，30（10）：28-32.

［69］ 刘健，石晓军，程红丽，等. 配电网大面积断电供电恢复及开关操作顺序生成［J］. 电力系统自动化，2008，32（2）：76-79.

［70］ 陈勇，海涛. 电压型馈线自动化系统［J］. 电网技术，1999，23（7）：31－33.

［71］ 刘健，张伟，程红丽. 重合器与电压—时间型分段器配合的馈线自动化系统的参数整定［J］. 电网技术，2006，30（16）：45－49.

［72］ 刘健，等. 城乡电网建设实用指南［M］. 北京：中国水利水电出版社，2001.

［73］ 刘健，倪建立. 配电网自动化新技术［M］. 北京：中国水利水电出版社，2003.

［74］ 王章启，顾霓鸿. 配电自动化开关设备［M］. 北京：中国电力出版社，1995.

［75］ 程红丽，张伟，刘健. 合闸速断模式馈线自动化的改进与整定［J］. 电力系统自动化，2006，30（15）：35－39.